本书为"山东社会科学院出版资助项目"和"青岛海洋科学与技术试点国家试验室蓝色智库重点项目"

孙吉亭

徐文玉 著

借鉴
与
提升

澳大利亚海洋文化发展及启示

中国社会科学出版社

图书在版编目（CIP）数据

借鉴与提升：澳大利亚海洋文化发展及启示 / 孙吉亭，徐文玉著.
—北京：中国社会科学出版社，2019.10
ISBN 978-7-5203-5309-0

Ⅰ.①借… Ⅱ.①孙…②徐… Ⅲ.①海洋—文化发展—研究—
澳大利亚 Ⅳ.①P72

中国版本图书馆 CIP 数据核字（2019）第 215246 号

出 版 人	赵剑英	
责任编辑	冯春凤	
责任校对	张爱华	
责任印制	张雪娇	

出　　版	中国社会科学出版社
社　　址	北京鼓楼西大街甲 158 号
邮　　编	100720
网　　址	http://www.csspw.cn
发 行 部	010 - 84083685
门 市 部	010 - 84029450
经　　销	新华书店及其他书店

印　　刷	北京君升印刷有限公司
装　　订	廊坊市广阳区广增装订厂
版　　次	2019 年 10 月第 1 版
印　　次	2019 年 10 月第 1 次印刷

开　　本	710×1000　1/16
印　　张	10.75
插　　页	2
字　　数	203 千字
定　　价	78.00 元

目　录

上编：澳大利亚的海洋人文地理格局

第一章　绪论 ……………………………………………………（ 3 ）

第一节　21 世纪是海洋的世纪 ……………………………………（ 3 ）

一　海洋是人类发展的资源库 …………………………………（ 3 ）

二　海洋是人类发展的新动能 …………………………………（ 4 ）

第二节　海洋世纪下的海洋文化发展要义 ………………………（ 5 ）

一　海洋文化的内涵 ……………………………………………（ 5 ）

二　海洋文化是世界海洋文明建设和发展的内在动力 ………（ 8 ）

第三节　借鉴吸引将使中国海洋文化更加光辉灿烂 ……………（ 10 ）

一　海洋强国建设需要先进的海洋文化引领 …………………（ 10 ）

二　与海洋经济发展有关的海洋文化资源优势 ………………（ 14 ）

三　海洋产业发展中缺乏海洋文化的表现 ……………………（ 20 ）

四　中国海洋文化走向世界 ……………………………………（ 21 ）

第二章　澳大利亚海洋概况 ………………………………………（ 23 ）

第一节　澳大利亚的海洋地理环境 ………………………………（ 23 ）

一　海域特征 ……………………………………………………（ 23 ）

二　岸线特征 ……………………………………………………（ 24 ）

第二节　澳大利亚的海洋资源 ……………………………………（ 25 ）

一　海洋空间资源 ………………………………………………（ 25 ）

二　海洋生物资源 ………………………………………………（ 27 ）

三　海洋矿产资源 ………………………………………………（ 30 ）

四　海洋文化资源 ………………………………………………（ 31 ）

第三节　澳大利亚的海洋管理 ……………………………………（35）

　　一　海洋综合管理机制 ………………………………………（35）

　　二　健全法律法规 ……………………………………………（37）

　　三　重视海洋发展保障体系建设 ……………………………（38）

第三章　澳大利亚海洋人文印记 …………………………………（40）

第一节　海路传奇 …………………………………………………（40）

　　一　澳大利亚早期海路简史 …………………………………（40）

　　二　海上"丝绸之路"与澳大利亚 …………………………（41）

第二节　勇者乐海 …………………………………………………（41）

　　一　妈祖精神和信仰与澳大利亚 ……………………………（41）

　　二　南极探险 …………………………………………………（42）

下编：澳大利亚海洋文化的现代发展与转型

第四章　国家海洋公园与保护区 …………………………………（45）

第一节　国家海洋公园与保护区的内涵 …………………………（45）

　　一　海洋公园的内涵和功能 …………………………………（45）

　　二　澳大利亚海洋公园的管理模式 …………………………（46）

第二节　海洋公园和保护区的发展现状 …………………………（48）

　　一　维多利亚州海洋公园与保护区 …………………………（48）

　　二　新南威尔士州海洋公园与保护区 ………………………（62）

　　三　北部地区海洋公园和保护区 ……………………………（79）

　　四　昆士兰州海洋公园和保护区 ……………………………（82）

　　五　南澳大利亚州海洋公园和保护区 ………………………（85）

　　六　塔斯马尼亚州海洋公园和保护区 ………………………（95）

　　七　西澳大利亚州海洋公园和保护区 ………………………（99）

第三节　海洋公园和保护区的价值意义 …………………………（106）

　　一　对生态环境的影响 ………………………………………（106）

　　二　对渔业发展的影响 ………………………………………（106）

　　三　对旅游发展的影响 ………………………………………（107）

第四节　澳大利亚海洋公园与保护区建设对我国的启示 ………（107）

　　一　对增加渔民收入的启示 …………………………………（107）

二　对保护海洋环境的启示 …………………………………（109）

第五章　海洋文化遗产 ………………………………………（110）

第一节　海洋文化遗产种类 ……………………………………（110）

一　澳大利亚海洋文化世界遗产 ………………………（112）

二　澳大利亚海洋文化国家遗产 ………………………（116）

三　澳大利亚海洋文化联邦遗产 ………………………（119）

第二节　海洋文化遗产管理举措 ………………………………（124）

一　法律法规体系建设与管理 …………………………（125）

二　管理机构 ……………………………………………（125）

三　规划体系 ……………………………………………（125）

四　澳大利亚世界遗产管理框架 ………………………（125）

第四节　澳大利亚遗产保护利用对我国的启示 ………………（126）

一　在遗产立法保护方面 ………………………………（126）

二　在遗产管理体系方面 ………………………………（126）

第六章　海洋文化产业 ………………………………………（128）

第一节　休闲渔业 ………………………………………………（128）

一　澳大利亚联邦政府注重对休闲渔业的宏观领导 …（128）

二　制订全国性的行业准则和发展战略 ………………（130）

三　强调休闲渔业在社会、经济和文化，以及资源

环境保护方面的重要性 ……………………………（131）

第二节　海洋文化旅游业 ………………………………………（133）

一　澳大利亚海洋文化旅游产业现状 …………………（133）

二　全方位打造海洋文化旅游 …………………………（133）

第三节　公共海洋文化事业 ……………………………………（134）

一　澳大利亚的海洋博物馆 ……………………………（134）

二　澳大利亚的海洋教育 ………………………………（136）

第四节　其他主要海洋文化产业门类 …………………………（138）

一　澳大利亚海洋博览业 ………………………………（138）

二　澳大利亚其他的海洋文化产业 ……………………（140）

第七章　对中国海洋文化发展的启示 ………………………（142）

第一节　丰富海洋文化内涵 ……………………………………（142）

　　一　加快提升海洋文化内涵 ……………………………………（142）

　　二　着力提高海洋文化传播能力 ………………………………（144）

　　三　全面促进海洋文化健康发展 ………………………………（145）

第二节　加快保护海洋文化，提升海洋意识 ……………………（146）

　　一　保护和复兴中国传统海洋文化 ……………………………（147）

　　二　传承和创新海洋文化 ………………………………………（148）

　　三　坚持海洋文化开发与保护并重 ……………………………（148）

　　四　全面提升公众海洋意识 ……………………………………（150）

　　五　开拓海洋文化建设公众参与机制 …………………………（152）

第三节　加快发展海洋文化产业 …………………………………（153）

　　一　培育海洋文化产业消费新增长点 …………………………（155）

　　二　提供海洋文化精品和质量 …………………………………（156）

　　三　完善区域海洋文化市场机制 ………………………………（157）

　　四　鼓励海洋文化产业新业态融合发展 ………………………（158）

　　五　注重海洋文化人才培养与科技支撑 ………………………（159）

结语 ………………………………………………………………（160）

参考文献 …………………………………………………………（161）

上 编

澳大利亚的海洋人文地理格局

第一章　绪论

第一节　21世纪是海洋的世纪

"海是沉默的，可是它并不柔弱。沉默不是屈服，沉默也不是顺从，沉默是看不见的力量，听不出的声音。"[1] 在六亿年前，海洋便以其海纳百川、沉默包容的无声力量，孕育了地球生灵，推动承载着生物的大陆漂向它们现在的着落之处，以浩瀚之力带来了陆地地理的隔绝而衍生了人类的文明。直至沧桑巨变、人类诞生，沿海地带的先人们开始凭借无限的遐想，在脑海中描绘起千里之外的山海图景。伴随着科学技术水平的提升和人文思想的进步，人类开始勇敢地泛舟于海上，将驾驭波浪的木板悬挂上云帆，海洋在人类的面前便从亿万年的沉默者悄然苏醒，并逐渐迸发出无穷的力量。[2]

大哲学家黑格尔在他的《历史哲学》中写道："大海给了我们茫茫无定、浩浩无际和渺渺无限的观念：人类在大海的无限里感到他自己的无限的时候，他们就被激起了勇气，要去超越那有限的一切。大海邀请人类从事征服，从事掠夺，但同时也鼓励人类追求利润，从事商业……他便是这样从一片巩固的陆地上，移到一片不稳定的海面上……"。[3]

一　海洋是人类发展的资源库

生命源于大海，人类走向海洋，自然进化与人类发展的轨迹是如此清

---

① 靳以：《靳以文集》（下册），人民文学出版社1986年版，第106页。

② 刘笑阳：《海洋强国战略研究——理论探索、历史逻辑和中国路径》，中共中央党校博士论文，2016年7月。

③ 转引自曲金良《海洋文化与社会》，中国海洋大学出版社2003年版，第18—19页。

晰。海洋以其广阔的立体空间、丰富的自然资源、开放的国际通道、重要的生态特性、无限的探索潜力成为人类生存与发展的宝贵财富和战略空间，也掀开了属于海洋的人类历史篇章。

二　海洋是人类发展的新动能

纵观世界发展史，世界强国的崛起，无一不始于海洋。建设海洋强国已经成为中国保障国家综合安全、促进经济社会发展、拓展国家战略利益和塑造新型海洋秩序的必然需求。

2012年，党的十八大做出了建设海洋强国的重大战略部署，提出"提高海洋资源开发能力，发展海洋经济，保护海洋生态环境，坚决维护国家海洋权益，建设海洋强国"。海洋强国战略以马克思主义和中国特色社会主义建设理论为基础，是历代中央领导重视海洋、发展海洋的思想继承和实践经验总结，也是对中华民族优秀传统文化精神的吸收和传扬。此后，以习近平为总书记的中央领导不断把握时代特征和世界潮流，运用马克思主义世界观和方法论，科学分析和深刻阐述了中国海洋事业发展的基本理论、基本实践和基本经验，直面我国海洋领域的突出问题，立足于建设中国特色海洋强国的实际，围绕海洋强国建设做出了一系列重大部署。2013年，第十八届中共中央政治局集体学习会议上进一步提出："推进海洋强国建设，必须提高海洋资源开发能力，保护海洋生态环境，发展海洋科学技术，维护国家海洋权益。""坚持陆海统筹，坚持走依海富国、以海强国、人海和谐、合作共赢的发展道路，通过和平、发展、合作、共赢方式，扎实推进海洋强国建设。"2015年，党的十八届五中全会提出"拓展蓝色经济空间，坚持海陆统筹，壮大海洋经济"的重大规划。2017年，在党的十九大报告进一步提出"坚持陆海统筹，加快建设海洋强国"。2018年，习近平总书记在参加十三届全国人大一次会议山东代表团审议时指出：海洋是高质量发展战略要地。要加快建设世界一流的海洋港口、完善的现代海洋产业体系、绿色可持续的海洋生态环境，为海洋强国建设做出贡献。由此，中国的海洋强国战略越来越清晰，逐步形成了科学系统、逻辑严密的海洋强国战略体系，海洋强国建设成为新时代中国特色社会主义建设的重要组成部分。中国"统筹陆海战略资源，以海强国、依海富国"的布局全面铺开。

在白驹过隙的海洋发展隧道里，坚定走向海洋、全面经略海洋、建设中国特色海洋强国、实现中华民族伟大复兴的中国梦[①]这些海洋强国建设思想内涵不断积淀、升华，逐步凝聚形成了新时代下独具中国特色的海洋强国战略体系。中国的海洋强国战略是对中国海洋强国思想的继承和发展，它既是中华民族传统文化和治国理念的组成内容[②]，也是历代中国对海洋价值的历史思考和时代追求，尤其是随着中国的海上崛起和世界海洋战略价值的演变，海洋强国建设成为我国战略创新发展的重要参照和观念性变量，是我国海洋事业发展的重要政策依据。

第二节　海洋世纪下的海洋文化发展要义

21 世纪，海洋的战略地位将更加突出，有关海洋秩序的斗争也必将更加激烈。现存国际海洋秩序在海洋的资源、通道、疆土，甚至作为信息和思想传播媒介属性的维度都体现出国际关系的竞合特征，海洋秩序不断发展变化，全球海洋治理呈现出明显的复杂性。作为世界上最大的发展中国家和国际社会中举足轻重的政治力量，中国有责任也有能力在全球海洋秩序维护和海洋治理中发挥更加积极、更加重要的作用，为全球海洋治理的发展与推进贡献中国智慧和中国力量。[③] 而这其中，海洋文化为这一战略举措提供了思想根基和精神动力。因此，在学理上对世界沿海国家的海洋文化进行系统研究具有现实的重要性和紧迫性。

一　海洋文化的内涵

将"海洋文化"作为研究对象并对其概念、内涵做出界定，是中国学者从 20 世纪 90 年代中后期开始的，学者们从不同的角度有不同的理解和表述。

[①] 商乃宁：《习近平海洋强国思想的科学体系与深刻内涵》，《中国海洋报》2017 年 10 月 12 日第 2 版。

[②] 刘笑阳：《海洋强国战略研究——理论探索、历史逻辑和中国路径》，中共中央党校博士论文，2016 年 7 月。

[③] 崔野、王琪：《关于中国参与全球海洋治理若干问题的思考》，《中国海洋大学学报》2018 年第 1 期，第 12—18 页。

　　何为文化?《辞源》中写道:"文治与教化。今指人类社会历史发展过程中所创造的全部物质财富和精神财富,也特指社会意识形态。"① 李刚认为"海洋文化,是人类感知和认识、开发和利用海洋自然而创造、传承的精神文化和物质文化,呈现为精神信仰、审美艺术、科学技术、道德规范、社会制度、物产器用、生活消费和日常民俗等各个方面"②;陈洪泉认为"海洋文化,作为人类文化的一个重要的构成部分和体系,就是人类认识、把握、开发、利用海洋,调整人与海洋的关系,在开发利用海洋的社会实践过程中所创造的各种精神财富的总和,包括各种文化精神及其各种文化载体"③;曲金良认为"海洋文化,作为人类文化的一个重要的构成部分和体系,就是人类认识、把握开发利用海洋,调整人与海洋的关系,在开发利用海洋的社会实践过程中形成的精神成果和物质成果的总和,具体表现为人类对海洋的认识、观念、思想、意识、心态,以及由此而生成的生活方式;包括经济结构、法规制度、衣食住行习俗和语言文学艺术等形态"④;张开城认为"海洋文化是人海互动及其产物和结果,是人类文化中具有涉海性的部分"⑤;陈智勇认为"海洋文化是与内陆文化相对而言的。凡是人们缘于海洋而生成的认识、思想、观念、心态,以及在开发利用海洋的社会实践中形成的精神成果和物质成果的总和均可视为海洋文化"⑥。笔者认为,"海洋文化就是指在开发利用海洋的社会实践过程中所创造的各种物质财富和精神财富,表现形式为与人类一系列思想意识活动有关的并由此而固化下来的各种形式"⑦。

　　由此,我们知道,海洋文化是在"人"与"海洋"两个要素互动与

　　① 《辞源》(修订本)第二册,商务印书馆 1984 年版,第 1357 页。

　　② 李刚:《青岛市海洋文化产业的统计与探析》,《中国统计》2013 年第 8 期,第 41—42 页。

　　③ 陈洪泉:《关于"文化青岛"建设的几点思考》,《中共青岛市委党校青岛行政学院学报》2012 年第 2 期,第 112—116 页。

　　④ 曲金良:《发展海洋事业与加强海洋文化研究》,《青岛海洋大学学报》(社会科学版)1997 年第 2 期,第 1—3 页。

　　⑤ 张开城:《海洋文化和海洋文化产业研究述论》,《全国商情·经济理论研究》2010 年第 16 期,第 3—4 页。

　　⑥ 陈智勇:《试论夏商时期的海洋文化》,《殷都学刊》2002 年第 4 期,第 20—25 页。

　　⑦ 孙吉亭:《海洋文化促进"海上粮仓"建设的机制与对策——以山东省为例》,《中共青岛市委党校青岛行政学院学报》2015 年第 5 期,第 118—123 页。

关联的基础上，通过人们源于海洋的生产生活和实践活动，而表现在人们的精神认识、意识观念、思想心态、价值取向、生活审美、社会生活面貌等层面的海洋文明内涵，它辐射到物质、精神、制度以及社会文化的方方面面，其中，"人"与"海洋"是海洋文化的核心元素，"源于海洋"是海洋文化存在与发展的本质属性，"人海互动与关联"是海洋文化的产生因子。

世界上不同的海洋国家、海洋民族都有其不同的海洋文化。中国海洋文化就可以表述为：中华民族在悠久的内陆与海洋共同发展的历史进程中，依靠中华民族智慧，在认识海洋、利用海洋、开发海洋、关心海洋、保护海洋，与海洋和谐相处的过程中，创造、发展和传承的精神、物质、文化、制度财富的总和，是中国文化有机体的组成部分。有别于其他国家的海洋文化，中国海洋文化蕴含了中华民族优秀传统文化的基因，表现出的不仅仅是"海洋性""开放性""交流性""创新性"和"重商性"，更重要的是一种"和平性""和谐性""包容性"，体现的是"和谐万邦""四海一家""天下一体"的"中国式"传统文化精神和核心价值观念。

依托于丰富的海洋文化资源发展海洋文化产业是当前世界主要沿海国家建设海洋强国的举措之一。关于海洋文化产业的内涵，张开城提出海洋文化产业是"从事涉海文化产品生产和提供涉海文化服务的行业"[1]；曲金良认为海洋文化产业是文化产业的一部分，其生产活动以海洋文化资源为基本要素，为了满足海洋社会和非海洋社会系统的文化消费需求而进行文化商品生产制造的行业。[2]

因此，海洋文化产业就是以海洋文化资源为内容和载体，为了满足人们的海洋性文化消费需求而从事涉海文化产品生产和服务供给的经营性和非经营性即公益性行业，那些利用海洋文化资源和元素为一般商品提供文化附加值而取得效益的涉海行业，也属于海洋文化产业的范畴。其内涵中，海洋文化产业体现的海洋文化内容，是指海洋文化产品和服务的整个生产链环节中体现的"源于海洋"的创意，即人们在与海洋互动过程中

---

[1]　张开城：《文化产业和海洋文化产业》，《科学新闻》2005年第24期，第13页。

[2]　曲金良：《中国海洋文化基础理论研究》，海洋出版社2014年版。

创造、发展和传承的智慧成果的具体体现；海洋文化产业体现的海洋文化载体，指海洋文化产品和服务的整个价值链环节中，包括生产制造、营销推广等环节，是建立在人类认识、开发、利用海洋相关的智慧和成果的利用，既包括对海洋科学技术、海洋自然资源、海洋人文资源、海洋衍生材料的利用，也包括对海岛、海岸、海上、海底等海洋空间和海洋工程的利用；海洋文化产业所体现的"向海而生"的海洋社会群体，既是海洋文化产品和服务的创造者、生产者，又是海洋文化产品和服务的消费者和享用者。

海洋文化产业体现的"与海洋相关"的特殊性，是其区别于其他文化产业的特征标志，海洋文化产业的这种特殊性主要表现在：第一，海洋文化产品和服务生产的原材料与海洋相关，即原材料是直接或者间接地取材于海洋自然资源和海洋文化资源；第二，海洋文化产品和服务反映的内容与海洋相关，即产品和服务体现的是海洋精神、海洋面貌、海洋特色、海洋文化、海洋理念等海洋主体的内容；[1] 第三，海洋文化产品和服务的消费对象及市场空间与海洋相关，即不仅是从事海洋相关产业或与海洋"打交道"的社会和群体，也包括对海洋知识、内容、文化、审美等感兴趣的所有消费群体。

二 海洋文化是世界海洋文明建设和发展的内在动力

在人类文明的漫长发展史中，海洋文化一直扮演着推动世界海洋文明进步的内动力角色。从旧石器时代开始，我们的祖先就在海洋捕捞、航海贸易、审美信仰等日常生活的"渔盐之利、舟楫之便"中潜移默化地创造了海洋文化的起源，加速了中华文明的发展节奏，绵亘万里的古代海上丝绸之路、茶马古道和陶瓷之路等古要道借用宝船和驼队，携带友谊与和善，架起了海洋文化传播的桥梁，使得中华文明通过"海上丝绸之路"，向韩国、日本、东南亚等地不断流布与传播，既凸显了海洋文化的内在张力，又连通了亚洲、欧洲与非洲，通行了太平洋、印度洋，促进了东西方文明的交流与互鉴，使得中华民族的海洋文明烛照古今，也在吸收借鉴中

---

[1] 李加林、杨晓平：《中国海洋文化景观分类及其系统构成分析》，《浙江社会科学》2011年4期，第89—96页。

创造了空前的发明硕果，进而促进了人类文明发展进程。同样，在西方，史前时期的人们为获取食物，受浮叶、浮木等启发而发明舟船，因此催生了地中海文明，成为西方文明发展的重要源泉。中世纪后，滨海之国意大利率先兴起文艺复兴运动，对古希腊海洋文明予以再发现、再认识和再创造，冲破宗教枷锁和束缚，催生出"平等、自由、博爱"的资本主义精神，触发了人类文明发展方式的根本变革。尤其是大航海时代以后，"发现新大陆"极大地推进了全球化进程，也加速了人类文明的快速变迁与发展。而今，海洋更成为联系世界各国的重要载体和桥梁，海洋文化默默助推着世界各国经济贸易、文化交流和文明进程。纵览古今中外，海洋文化或隐居幕后，或位居前台，在人类文明发展进程中始终扮演着内在动力角色。未来，海洋还将成为人类生活的重要空间，使人类文明真正进入蔚蓝色的海洋时代。[①]

从 20 世纪末在全世界范围内出现保护海洋生态化转向，海洋文化的发展开始逐渐升级，并逐渐充盈起海洋生态文明的理念，海洋生态文明建设成为中国海洋事业发展生态化转向的新成果。[②] 海洋生态文明建设是海洋强国建设的根本要求，对海洋生态文明建设来说，最重要的、也最难处理的关系便是海洋环境保护与海洋经济发展之间的关系。海洋文化体现了一种开发海洋和保护海洋相统一的海洋文化精神和价值观念，提倡的是关心海洋、尊重海洋、与海洋和谐共生的思维方式和行为习惯。与此同时，海洋生态经济的发展也成为实现海洋产业转型升级、绿色发展，建设海洋生态文明建设的一个良性方向。

中国传统优秀海洋文化的精髓包含并丰富了我国的生态型海洋文化的内涵体系，[③] 改变了人们征服甚至宰制自然的观念，让人们重新思考人类文明中海洋的独特价值和意义，并将人与海洋理解为和谐相处、命运相关的共同体，一改过去向海洋肆意索取的模式，塑造了生态文明建设中新的海洋文明观和正确的海洋发展理念、精神及行动，逐渐形成了处理人海和

---

① 宁波：《海洋文化：人类文明加速发展的内在根本动力》，《中国海洋社会学研究》2018年第 6 期，第 26—34 页。

② 朱建君：《海洋文化的生态转向和话语表达》，《太平洋学报》2016 年第 10 期，第 80—91 页。

③ 李淑梅：《人与自然和谐共生的价值意蕴》，《光明日报》2018 年 6 月 4 日。

谐关系的新规则，不断提升着人们的海洋生态环境保护意识和海洋生态文明素养，并将保护海洋环境、节约海洋资源融入日常的产业活动和生活习惯中去。

生态文明的提升既要依靠生态文化的建设作为内生动力，又要依赖于生态型的经济发展作为外部支撑，在海洋文化的发展进程中，沿海人民以生态文化价值体系和人海和谐共荣的海洋文化为指导，不断为建设和发展海洋而创造出一系列海洋文化与海洋生态系统交互共生的精神和物质成果，以丰富的海洋生态文化资源和内容形式呈现出海洋文化产业的生态化发展，衍生出了诸如海洋生态旅游业、海洋景观鉴赏业、海洋养生休闲业、海洋生态文化体验、海洋艺术创意业和海洋节庆会展业等海洋生态文化产业新业态，这些产业门类契合我国创新、协调、绿色、开放、共享的新型发展理念，其发展不仅是我国海洋经济转型升级发展的推动力，还是主动应对当前海洋生态与环境面临的危机和挑战的一种有效方式，是海洋文化产业发展生态化的具体体现[1]，也是对"绿水青山就是金山银山"这一生态文明建设思想对立而又统一的辩证与贯通。

第三节　借鉴吸引将使中国海洋文化更加光辉灿烂

一　海洋强国建设需要先进的海洋文化引领

悠悠数千年漫长的历史，背陆面海的自然地理环境，既孕育了中华民族辉煌灿烂的陆地文明，也孕育了深厚博大的海洋文化。在中国漫长的海岸线上，在中国先民 8000 多年的生活历史里，海洋以其重要的战略价值，从先秦时代和古希腊时期起就开始吸引东西方思想家们的关注，中华民族在古代便有"舟楫为舆马，巨海化夷庚"的海洋战略和"观于海者难为水，游于圣人之门者难为言"的海洋意识。[2] 从古代中国先民深耕大海、扬帆远洋，到近代充满耻辱和抗争的历史中中国海洋

① 徐文玉：《我国海洋生态文化产业及其发展策略刍议》，《生态经济》2018 年第 1 期，第 118—123 页。

② 《习近平的海洋情怀》，央广网，2018 年 6 月 5 日。

意识逐渐萌芽，再到当代和平与稳定的历史机遇期中国开始探索海洋经略之策，中华海洋文化自古以来就演绎在人们对海洋的向往和追求里，贯穿于我国海洋的发展与探索理念之中，其蕴含的中华民族优秀传统文化精髓也在时代的变迁与进步中融入海洋强国战略思想的内涵，贯穿在我国海洋强国的建设进程之中，成为我国海洋事业发展的精神支撑、思想保证和道德滋养，对于新时代实现我国海洋强国建设的中国梦具有重要的意义。

我国海洋文化是中华民族在悠久的内陆与海洋共同发展的历史进程中，依靠中华民族智慧，在认识海洋、利用海洋、开发海洋、关心海洋、保护海洋，与海洋和谐相处的过程中，而创造、发展和传承的精神、物质、文化、制度财富的总和①，是中国文化有机体的重要组成部分。海洋精神是海洋文化的核心，尤其是在我国的海洋强国建设中，海纳百川、合作共赢、开拓创新的胸怀，艰苦奋斗、科学严谨、求真务实的态度，勇敢无畏、甘于奉献、不断探索的信念，同舟共济、和平发展的品质，这些当代海洋精神彰显了我们在海洋强国建设中的信仰和追求，是我国海洋强国建设的精神动力。同时，有别于其他国家的海洋文化，中国海洋文化还蕴含了中华民族优秀传统文化的基因，它表现出的不仅仅是"海洋性""开放性""交流性""创新性"和"重商性"等普遍性特点，更重要的是它蕴含了"和平性""和谐性""包容性"等特征，体现了中华民族"和谐万邦""四海一家""天下一体"的"中国式"优秀传统文化精神和核心价值观念。

海洋文化与海洋经济发展的相互作用是非常清晰的。伴随着人类强烈的经济开发活动，现在面临着人口增加、陆地资源减少、生态环境恶化的问题，人们将发展的目光越来越集中到占地球表面积71%的海洋中来。向海洋要资源、要产值、要空间成为当今社会经济活动的重要组成部分，海洋也由此成为改善和发展人民生活、满足人民物质需求的重要财富来源。在此背景下，作为海洋的首位功能——提供海洋食品被提升到更高的地位上来。联合国粮农组织的统计显示，过去50年，全球水产品产量稳定增长，食用水产品供应量年均增长3.2%。水产品在人类食用动物蛋白

---

① 曲金良：《中国海洋文化基础理论研究》，海洋出版社2014年版。

中的比重在 16% 以上，为 43 亿人口提供了近 15% 的动物蛋白摄入，成为获得优质蛋白质和必需微量元素的重要途径。①

经济与文化历来相互依托，相互交融，新的经济产业催生新的文化，也呼唤新的文化。党的十八大明确提出全面建成小康社会目标的新要求，对推进经济、政治、文化、社会以及生态文明的"五位一体"总布局作出一系列新的重大战略部署。海洋经济的竞争，说到底就是海洋文化的竞争、海洋意识的竞争、海洋科技的竞争，以及海洋法律的竞争。

党的十八大提出的经济建设、政治建设、文化建设、社会建设、生态文明建设"五位一体"总布局标志着我国社会主义现代化建设进入新的历史阶段，体现了我们党对于中国特色社会主义的认识达到了新境界。这个总体布局意味着中国进入 21 世纪后，从局部现代化到全面现代化，从不大协调的现代化到全面协调的现代化。对于指导在经济发展中如何发挥文化的作用具有重要意义。

习近平总书记在 2016 年 5 月 17 日召开的哲学社会科学工作座谈会上指出："构建中国特色哲学社会科学，一是要体现继承性、民族性。要善于融通马克思主义的资源、中华优秀传统文化的资源、国外哲学社会科学的资源，坚持不忘本来、吸收外来、面向未来。坚定中国特色社会主义道路自信、理论自信、制度自信，说到底是要坚定文化自信，文化自信是更基本、更深沉、更持久的力量。"②

在当今经济、政治、文化、社会、和生态"五位一体"发展的时代，文化所蕴藏的巨大的潜能被发掘出来，对经济的引领和促进作用也更加凸显。钱德元、滕福星在论述美国迈克尔·波特等学者提出的经济发展经过要素驱动、投资驱动、技术驱动和创新驱动四个阶段的基础上，认为第四阶段和前三个阶段的根本区别在于它是文化意义和主体意义，创新是一种文化知识、文化价值以及思维方式、心理结构的革命性飞跃，是人的自觉性、能动性、创造性的本能特征的充分发挥。当前，世界正向第四阶段发展，这一阶段也正好与目前所处的信息时代相适应。而这一时代的显著表

---

① 联合国粮农组织：《2014 世界渔业和水产养殖回顾》，2014 年，第 11 页。
② 习近平在哲学社会科学工作座谈会上的讲话（全文），http：//news. xinhuanet. com/politics/2016-05/18/c_1118891128_3. htm，2016 年 7 月 30 日。

现莫过于文化与经济的共生共融。① 刘堃则论述了海洋经济与海洋文化的发展的三种关系，即：相互促进、相互制约和相互损害。②

"海洋经济与海洋文化之间的关系是辩证统一的关系。海洋经济是海洋文化发展的物质基础，对海洋文化的形成及发展走势起到了决定性的作用。海洋文化具有自己相对的独立性，反过来又对海洋经济的发展起着促进作用。如果一味追求发展海洋经济，忽视保护和发展海洋文化，则会产生此消彼长的不良后果；如果对于海洋文化资源不加以科学开发利用，只停留在原始状态下，同样对两者产生损害。"③ 就海洋产业发展来看，将海洋文化与海洋产业相融合，赋予海洋产业以海洋文化基因，将大大提升海洋产业的品质，可为不同消费群体与消费层次提供更具有针对性的产品。

要加快具有中国特色海洋强国的建设步伐，海洋文化的先行力量是这一长久战略的思想根基和精神动力，它包含的"四海一家""和谐万邦"等中华民族传统优秀文化底蕴既是人们认识海洋的基础，又是人们关心海洋的动力，它丰富灿烂的内涵和悠久神秘的历史带领人们走向海洋，它以渗透着文化价值的经济价值和社会价值推动人们经略海洋，它和平、和谐的"中国式"发展模式和人文精神理念是人类对美丽海洋、美好社会的共同期待。无论是以开阔的眼界站在时代浪尖上展望我国海洋发展的未来，还是手握丈量世界的工具在中西古今比较中观察和理解复杂的海洋经济与文化发展局势，无论是用优秀的中华民族海洋文化作为精神力量来讲述中国故事、叙述中国特色，还是用新时代的海洋强国思想作为指导来树立和平、合作、共赢的国际典范和文化自信的大国风范，无论是坚持"绿水青山就是金山银山"的海洋生态文明建设理念还是遵循"天人合一、陆海统筹"思想来构建人类命运共同体，海洋文化都不断以和平、开放、包容、奋斗、勇敢、创新等姿态铸造着美丽海洋可持续发展的

---

① 钱德元、滕福星：《文化何以成为经济——兼论文化生产力》，《税务与经济》2007 年第 6 期，第 41—45 页。

② 刘堃：《海洋经济与海洋文化关系探讨——兼论我国海洋文化产业发展》，《中国海洋大学学报》（社会科学版）2011 年第 6 期，第 32—25 页。

③ 孙吉亭：《海洋文化促进"海上粮仓"建设的机制与对策——以山东省为例》，《中共青岛市委党校青岛行政学院学报》2015 年第 5 期，第 118—123 页。

"蓝色引擎",为实现我国海洋强国建设的中国梦打下了坚实的基础①。

二　与海洋经济发展有关的海洋文化资源优势

（一）与世界各国开展渔业贸易的历史悠久

我国海洋资源开发历史悠久,与世界各国经济贸易往来也源远流长,古代海上丝绸之路成为连接世界各国贸易与文化交流的通道。尤其是伴随着渔业贸易的开展,中国古代的海洋知识、航海经验、海商经验、海洋信仰等海洋文化传播、传承、扩展到了海外其他国家后逐渐本土化。今天,随着渔业贸易的不断扩大化,中国的海洋文化与世界上其他国家的海洋文化依然在海神信仰、祭祀和风俗等海洋文化活动中有着较深的渊源和相似的诉求。因此,世界各国的海洋文化交流也在不断加强。

（二）海洋生物资源的宝库

我国海岸线漫长,渔业资源十分丰富。传统的海珍品如刺参、皱纹盘鲍、栉孔扇贝、中国对虾等为广大消费者所喜爱。其他的海产品,如杂色蛤蜊、牡蛎、贻贝、真鲷、带鱼、蓝点马鲛、三疣梭子蟹、紫菜、海带、裙带菜等也产量丰富,可口怡人。从国外引进的南美白对虾、海湾扇贝、大菱鲆也已成为海产品市场上的主打产品。丰富的海洋资源为海洋文化作用的发挥提供了广阔的空间。

（三）一批国家级海洋公园、海洋生态文明示范区、海洋牧场示范区获得批准

国家级海洋公园的建立,进一步充实了海洋特别保护区类型,为公众保障了生态环境良好的滨海休闲娱乐空间,促进了海洋生态保护和滨海旅游业的可持续发展,丰富了海洋生态文明建设的内容,② 也为海洋文化的发展奠定了良好的基础。国家海洋局2011年5月19日公布了中国首批国家级海洋公园,包括广东海陵岛、广东特呈岛、厦门、江苏连云港海洲湾、刘公岛、日照等。随后又陆续了第二、三、四、五、六批国家级海洋

---

① 徐文玉:《习近平新时代海洋强国思想中的海洋文化发展概念》,《第九届海洋强国战略论坛论文集》,2018年,第44—51页。

② 国家级海洋公园,https://baike. baidu. com/item/% E5% 9B% BD% E5% AE% B6% E7% BA% A7% E6% B5% B7% E6% B4% 8B% E5% 85% AC% E5% 9B% AD/4034515? fr = aladdin,最后访问日期:2019年1月21日。

公园。中国已初步形成包含特殊地理条件保护区、海洋公园等多种类型的海洋特别保护区网络体系。[①]

国家级海洋公园一览表

序号批次	名称	面积（公顷）
	首批（2011 年 5 月 19 日）	
1	广东海陵岛国家级海洋公园	1927.26
2	广东特呈岛国家级海洋公园	1893.20
3	广西钦州茅尾海国家级海洋公园	3482.70
4	厦门国家级海洋公园	2487.00
5	江苏连云港海州湾国家级海洋公园	51455.00
6	山东刘公岛国家级海洋公园	3828.00
7	山东日照国家级海洋公园	27327.00
序号批次	第二批（2012 年）	
1	山东大乳山国家级海洋公园	4838.68
2	山东长岛国家级海洋公园	1126.47
3	江苏小洋口国家级海洋公园	4700.29
4	浙江洞头国家级海洋公园	31104.09
5	福建福瑶列岛国家级海洋公园	6783.00
6	福建长乐国家级海洋公园	2444.00
7	福建湄洲岛国家级海洋公园	6911.00
8	福建城洲岛国家级海洋公园	225.20
9	广东雷州乌石国家级海洋公园	1671.28
10	广西涠洲岛珊瑚礁国家级海洋公园	2512.92
11	江苏海门蛎岈山国家级海洋公园	1545.91

---

① 国家级海洋公园，https：//baike. baidu. com/item/%E5%9B%BD%E5%AE%B6%E7%BA%A7%E6%B5%B7%E6%B4%8B%E5%85%AC%E5%9B%AD/4034515？fr = aladdin，最后访问日期：2019 年 1 月 21 日。

续表

	名称	面积（公顷）
12	浙江渔山列岛国家级海洋公园（象山渔山列岛国家级海洋生态特别保护区加挂国家级海洋公园牌子）	5700
序号批次	第三批（2014 年）	
1	山东烟台山国家级海洋公园	1247.99
2	山东蓬莱国家级海洋公园	6829.87
3	山东招远砂质黄金海岸国家级海洋公园	2699.94
4	山东青岛西海岸国家级海洋公园	45855.35
5	山东威海海西头国家级海洋公园	1274.33
6	辽宁盘锦鸳鸯沟国家级海洋公园（于 2017 年 2 月更名为辽河口红海滩国家级海洋公园）	6124.73
7	辽宁绥中碣石国家级海洋公园	14634
8	辽宁觉华岛国家级海洋公园	10249
9	辽宁大连长山群岛国家级海洋公园	51939.01
10	辽宁大连金石滩国家级海洋公园	11000
11	广东南澳青澳湾国家级海洋公园	1246
序号批次	第四批（2014 年 12 月 1 日）	
1	辽宁团山国家级海洋公园	208
2	福建崇武国家级海洋公园	1355
3	浙江嵊泗国家级海洋公园	54900
序号批次	第五批（2016 年 8 月）	
1	辽宁大连仙浴湾国家级海洋公园	10820
2	大连星海湾国家级海洋公园	2540.1
3	山东烟台莱山国家级海洋公园	581.33
4	青岛胶州湾国家级海洋公园	20011

	名称	面积（公顷）
5	福建平潭综合实验区海坛湾国家级海洋公园	4000 左右
6	广东阳西月亮湾国家级海洋公园	3300
7	红海湾遮浪半岛国家级海洋公园	1893
8	海南万宁老爷海国家级海洋公园	1121.1
9	昌江棋子湾国家级海洋公园	6021
序号 批次	第六批（2017 年 2 月）	
1	辽宁凌海大凌河口国家级海洋公园	3741.91
2	北戴河国家级海洋公园	12373.2
3	宁波象山花岙岛国家级海洋公园	1112
4	玉环国家级海洋公园	30669
5	辽河口红海滩国家级海洋公园（辽宁盘锦鸳鸯沟国家级海洋公园调整范围并将名称更改）	6124.73
6	锦州大笔架山国家级海洋公园（锦州大笔架山国家级海洋特别保护区调整范围并加挂国家级海洋公园）	12217.69
7	普陀国家级海洋公园（普陀中街山列岛国家级海洋特别保护区加挂）	20290

注：此表根据国家级海洋公园（https：//baike. baidu. com/item/% E5% 9B%
BD% E5% AE% B6% E7% BA% A7% E6% B5% B7% E6% B4% 8B% E5% 85% AC% E5%
9B% AD/4034515？fr = aladdin，最后访问日期：2019 年 1 月 21 日）内容整理制作。

国家级海洋生态文明建设示范区是海洋生态文明建设的重要载体，其
自然条件优良，海洋保护到位，海洋经济开发合理，较好地体现出天人合
一、人与自然和谐相处的崇高文化理念。国家海洋局批准山东省威海市、
日照市、长岛县，浙江省象山县、玉环县、洞头县，福建省厦门市、晋江
市、东山县，广东省珠海横琴新区、南澳县、徐闻县为首批国家级海洋生

态文明建设示范市、县（区）。辽宁省盘锦市、大连市旅顺口区，山东省青岛市、烟台市，江苏省南通市、东台市，浙江省嵊泗县，广东省惠州市、深圳市大鹏新区，广西壮族自治区北海市，海南省三亚市和三沙市全国 12 个地区为国家级海洋生态文明建设示范。①

海洋牧场建设作为解决海洋渔业资源可持续利用和生态环境保护矛盾的金钥匙，是转变海洋渔业发展方式的重要探索，也是促进海洋经济发展和海洋生态文明建设的重要举措。② 据不完全统计，截至 2016 年，全国已投入海洋牧场建设资金 55.8 亿元，建成海洋牧场 200 多个，其中国家级海洋牧场示范区 42 个，涉及海域面积超过 850 平方千米，投放鱼礁超过 6000 万空立方米。目前，全国海洋牧场建设已初具规模，经济效益、生态效益和社会效益日益显著。据测算，已建成的海洋牧场年可产生直接经济效益 319 亿元、生态效益 604 亿元，年度固碳量 19 万吨，消减氮16844 吨、磷 1684 吨。另外，据统计，通过海洋牧场与海上观光旅游、休闲海钓等相结合，年可接纳游客超过 1600 万人次。在我国沿海很多地区，海洋牧场已经成为海洋经济新的增长点，成为第一、二、三产业相融合的重要依托。③

（四）国家进一步加强了海洋科技规划的编制

党的十八大以来，党和国家在继承 1949 年以来海洋科技发展政策的基础上，高度重视海洋，把建设海洋强国战略提升为中国特色社会主义事业的重要组成部分，注重统筹国内国际两个大局，按照"创新、发展、协调、绿色、共享"理念，围绕海洋科技总体发展顶层设计、分领域国家专项规划、地方海洋科技实践、海洋科技管理体制创新，提出了一系列推动认识海洋、经略海洋、海洋科技创新与产业化发展的重大政策，有力促进了中国海洋科技发展，成为建设海洋强国、建设 21 世纪

---

① 国家级海洋生态文明建设示范区，https：//baike. baidu. com/item/% E5% 9B% BD% E5% AE% B6% E7% BA% A7% E6% B5% B7% E6% B4% 8B% E7% 94% 9F% E6% 80% 81% E6% 96% 87% E6% 98% 8E% E5% BB% BA% E8% AE% BE% E7% A4% BA% E8% 8C% 83% E5% 8C% BA/ 19396566，最后访问日期：2019 年 1 月 21 日。
② 农业部关于印发《国家级海洋牧场示范区建设规划（2017—2025 年）》的通知，国家级海洋牧场示范区建设规划（2017—2025 年），http：//www. moa. gov. cn/nybgb/2017/201711/ 201802/t20180201_ 6136235. htm，最后访问日期：2019 年 1 月 21 日。
③ 同上。

海上丝绸之路、落实国家创新驱动战略的有力支撑。[①] 我国海水养殖的五次技术上的突破，引领了海洋水产业的五次发展浪潮，而新兴的海洋工程装备制造业与海洋信息产业和海洋渔业跨界融合，又催生出海洋牧场的发展，成为集海洋渔业、海洋旅游业、海工装备制造业与海洋信息产业相结合的新业态，海洋科技优势在海洋强国建设中将起到更为重要的作用。

（五）海洋饮食文化与众多海洋渔业节庆活动的发源地

我国海岸线绵长，岛屿众多，是我国重要的海产品生产、加工地，因此沿海地区的人民，不分年龄结构，也不分职业结构，均有食用海产品的饮食习惯。

我国海洋文化历史悠久，好多沿海地区都拥有特色鲜明的海洋文化节。例如，妈祖节、红岛蛤蜊节、即墨田横祭海节等。这些节庆活动对于进一步发展海洋经济，加强海洋文化建设起到了很好的推动作用。

（六）海洋科普教育已在许多地区中小学开展

我国沿海地区积极开展对中小学生的海洋教育。例如，青岛市1—8年级义务教育已经全面普及海洋教育，海洋特色学校也已经评选了62所。各中小学都在海洋教育方面下功夫，比如有的学校建立了海洋特色展馆、邀请院士来做讲座，有的建立了专门实验室，高中生们做的海洋课题研究论文已经发表到了国家级专业期刊上。青岛市制定下发《关于全市义务教育学校全面开设海洋教育地方课程的通知》，在全市义务教育学校1—8年级全面开设蓝色海洋教育地方课程，每两周1课时，每学年18课时，成为全国首个在义务阶段全面普及海洋教育的城市，并"开发编制完成全国首套海洋教育地方课程教材《蓝色的家园——海洋教育篇》，由青岛市政府统一采购，免费发放给学生使用"，指导各学校加强学科教学中海洋知识整合渗透，开设了海洋地理、海洋生物、海洋国防、海洋环保、海洋科技、海洋文化等课程。[②]

① 刘明：党的十八大以来中国海洋科技发展政策，http：//www. oceanol. com/keji/201710/26/c69420. html，最后访问日期：2018年10月9日。
② 郭玉华：《青岛1—8年级全面普及海洋教育，教材免费提供》http：//www. qing5. com/2014/1031/25786. shtml，最后访问日期：2016年9月17日。

三　海洋产业发展中缺乏海洋文化的表现

（一）缺少品牌与创意

我国沿海地区的海洋经济发展很好，也有一些好的产品，但总起来讲还是缺乏海洋文化的创意。例如，海洋水产品的品质很好，但一些产品由于宣传包装不够，产品的知名度还有待提高。过去在短缺经济时代，可以抱守"酒香不怕巷子深"的古训，而现在全国沿海地区海产品都很丰富，如果不加强宣传推介，不能让消费者了解和认可，非但不能进一步开拓市场，增加销量，原有的市场也会逐渐萎缩。同时，也缺乏对于消费者消费海产品习惯的引导，更鲜少推出广受海外消费者喜爱的产品。在这方面，日本寿司的传播具有启发性。以海产品为主要原料的寿司起源于日本，但现已成为东西方消费者都喜欢食用的食品，这就是海洋文化在渔业中发挥作用的典范。再者，消费者对生鲜海产品的直接食用还不多，还大有文章可做。例如，对生鱼片的消费多在高档酒店里，没有使之接地气、平民化。而在澳大利亚，新鲜的生鱼片在普通超市里均有出售，消费者可以买回家去直接食用。因此，海洋文化在提升品牌创意方面大有文章可做。

（二）缺乏烹饪和加工的新意

我国现今海产品的烹饪与加工方法都比较单一，在烹饪上主要采用清蒸、烧烤等方式，缺乏创意与创新，如何通过烹饪与加工更好的海产品或附加上海洋文化元素，将海洋文化以"内容"形式呈现在烹饪与加工之中，也是对海产品烹饪加工创意的一种提升。因此，对于海产品的精深加工的比重还应继续加大。

（四）缺乏系统的针对不同海洋产业的海洋文化研究

尽管海洋文化研究已开展多年，有些研究也很深入，并取得了一系列丰硕的有价值的成果，但是，大多数的研究关注点或者是如何提高整个沿海地区海洋文化水平，或者是如何发展海洋文化产业，而缺少针对海洋产业发展中如何施加影响的研究，因此海洋产业发展中缺乏海洋文化的指导。另外，现在的海洋文化资源利用方式主要体现在海洋休闲旅游业的开发上，相应地能够促进发展的海洋产业门类也就较为单一，因此，海洋文化资源利用与开发的深度和宽度都有待于进一步拓展。

四 中国海洋文化走向世界

海洋的自然流动性和跨海跨域性，以及我国海洋文化的开放性和包容性，为海洋文化在世界范围内的传播和融合创造了条件，而中国海洋文化所饱含的"四海一家""亲海敬海"等和平、和谐的中国特色传统文化理念则形成了对海外世界的天然吸引力和巨大吸附力，并得到了越来越多沿海国家的认同和支持，这为中国海洋文化与世界的沟通与合作架起了外在的桥梁，由此，在我国海洋文化的发展中，中国要秉承"和平""合作""共赢"的理念推动建立以中国为核心的"环中国海"文化圈，将中国海洋文化推向世界并成为致力于构建"人类命运共同体"的佼佼者，不断以"和谐万邦"的大国观念和形象为全世界美丽、和谐、和平海洋的构建凝聚力量，提升海洋强国建设的层次和深度，并最终推动形成中国海洋发展对世界海洋文化和海洋强国、海洋大国发展的巨大吸引力和向心力。

今天，沿着中华民族海洋文化的历史痕迹，"一带一路"倡议使得我国的海洋文化再一次在茶马古道、沙漠丝绸之路、草原丝绸之路、海上丝绸之路等交流古道上与沿线国家孕育出累累的硕果[1]，为构建人类命运共同体添砖加瓦。

在当前世界海洋秩序不断发展变化，全球海洋治理明显复杂化的背景下，中国要建设海洋强国，同时也要在重塑世界海洋秩序、参与全球治理中充分发挥引领和引导作用。中国通过海洋扩大为更加广阔的"海外"，不是简单地将商品、劳务和工程输出到海外，而是将中国市场开发力、社会影响力、政治感召力和文化推动力推向海外，这是中国海洋强国战略的重要内容。为此，中国在21世纪思考、制定和追求海洋强国战略时，一方面要发展中国海洋文化，推动中国海洋文化走向世界；另一方面，要客观、全面和准确地了解世界海洋强国海洋文化的基本构造和特征，充分吸取世界海洋强国发展海洋文化的经验。

1966年11月4日联合国教育、科学及文化组织大会第14届会议宣布的《国际文化合作原则宣言》指出"各种文化都具有尊严和价值，必须

---

① 习近平出席"一带一路"国际合作高峰论坛开幕式的讲话：《携手推进"一带一路"建设》，2017年5月14日。

予以尊重和保存"①"所有文化都是属于全体人类的共同遗产的一部分，它们的种类繁多，彼此互异，并互为影响。"②

世界文化是丰富多彩的。每个国家的文化都有自己的优势，每个民族的文化都有自己的长处，相互之间的学习借鉴是文化发展的条件。我们应该清醒地认识本国传统文化和外国先进文化，既对我国的优秀传统文化充满自信，也不断地借鉴吸收外国先进文化，从而使我们的文化水平越来越高，使我们的民族永远屹立于世界民族之林，也使自己的社会发展越来越好。

世界海洋发达国家都有各自独特的海洋文化，都有值得我们学习借鉴的地方，澳大利亚就是其中之一。澳大利亚海域辽阔，海洋文化历史悠久，在海洋文化发掘提升，遗产保护管理和海洋文化创意产业发展等方面都有较好的经验，值得借鉴。我国这些年来海洋经济的快速发展是在改革开放的条件下实现的，同样，在高质量发展海洋经济的今天，同样需要走改革开放之路，以"开放""包容""共享"的理念，不断借鉴和吸收世界海洋强国发展海洋文化的经验和国外优秀海洋文化成果，加强海洋文化领域引进，在结合中国海洋事业发展的基础上，融合创新而形成我国海洋文化发展的中国特色、中国方案、中国行动，从而使中华民族优秀海洋文化更加璀璨，促进我国海洋文化事业的长足发展和世界化走向。

---

① 《国际文化合作原则宣言》https://wenku. baidu. com/view/760e7c55905f804 d2b160b4e767f5acfa0c7831b. html，最后访问日期：2018 年 11 月 4 日。

② 同上。

第二章　澳大利亚海洋概况

第一节　澳大利亚的海洋地理环境

澳大利亚位于南太平洋和印度洋之间，由澳大利亚大陆和塔斯马尼亚岛等岛屿和海外领土组成。它东濒太平洋的珊瑚海和塔斯曼海，西、北、南三面临印度洋及其边缘海，是世界上唯一一个独占一个大陆的国家，也是南半球上一颗璀璨的海上明珠。

一　海域特征

从海域面积来看，澳大利亚是一个海洋大国，海域非常辽阔，是全球海事管辖权最大的国家之一。澳大利亚在本土大陆以及所属岛屿的周边海域一共拥有815万平方公里的海上专属经济区，这个面积在全世界所有国家中位居第三。2008年4月9日，大陆架边界委员会采纳了一组确认澳大利亚大陆架的外沿界限的建议，对9个地区的大陆架边界进行了明确的界定。这项决议使得澳大利亚从海基线算起200海里内的大陆架管辖权增加了256万平方公里。从这些数据可以看出，澳大利亚拥有管辖权的领海面积比澳洲大陆的面积几乎大了一倍。如果把澳大利亚宣称拥有主权的南极领土也计算在内的话，那么澳大利亚就是对地球表面管辖权最大的国家——领土和领海的面积加起来，大约有2720万平方公里。换句话说，澳大利亚的对地球表面5%的面积拥有管辖权，只算海洋面积的话大约是4%。从国家管辖权的角度来看，澳大利亚拥有管辖权的土地和海洋总面积也高居世界第二（仅次于俄罗斯）。

澳大利亚的海域覆盖了地球上所有五种海洋环境带，从最冷的南极到温带，再从温带到北方的热带海域，因而也就造就了复杂的领海环境以及不同种类和形式的海洋文化资源。同时，极大的海域气候跨度以及澳大利亚海洋地理和生物遗传上的孤立，使得澳大利亚的领海拥有很多全球独一无二的海域特质，比如著名的大堡礁和多样的海洋生物品种。另外，从人口构成来看，澳大利亚沿海地区的人口占到了全国总人口的85%，庞大的沿海社群力量是澳大利亚发展海洋最有力的支撑主体。[①]

二 岸线特征

在澳大利亚的6个州和2个领地之中，面积最大的西澳大利亚州海岸线南北长达12500千米，被印度洋和南大洋环抱，为澳大利亚联邦全国之最，大自然赐予西澳大利亚州浩瀚广阔的海岸里包括了众多的岛屿和群岛，全年都可以享受充足和煦的阳光，体验碧波荡漾的大海，在最洁白无瑕的澳大利亚海滩上尽情休闲放松；澳大利亚的第二大州昆士兰州东濒太平洋，北濒卡奔塔利亚湾[②]，东北海岸面是世界上最大的珊瑚礁群大堡礁，包括岛屿在内的海岸线9800千米，其中大陆海岸线则为7400千米，独特的海洋地理也带来了热带、大陆性和亚热带气候，使得一年四季阳光普照，有"阳光之州"的美誉；南澳大利亚州位于澳洲大陆南部海岸线的中心位置，在南冰洋和大澳大利亚湾以北，南部沿海有大澳大利亚湾（Great Australian Bay）、斯潘塞湾（sbaill）、圣文森特湾（Saint Vincent, Gulf），海岸线长达3700千米，包括袋鼠岛和数个较小的岛屿在内，水域面积可达60032平方千米，是唯一与澳大利亚大陆上所有州都接壤的一州；[③] 北部地区又称北领地，位于澳大利亚大陆北部的中央部位，北为帝汶海、阿拉弗拉海以及卡奔塔利亚湾（Gulf of Carpentaria），海岸线长约6200千米，约有五分之四的土地位于热带地区，沿海地区有沼泽、红树林和泥滩，以及高度不超过450米的高原；新南威尔士州位于澳大利亚东南部，南太平洋沿岸，东濒太平洋，海岸线为244千米，有悉尼港（包

---

① 澳大利亚政府官方网站：About Australia, https：//www. australia. gov. au/about – australia.

② 昆士兰州，https：//baike. so. com/doc/6200441 – 6413705. html，最后访问日期：2018 年 8 月 20 日。

③ 南澳大利亚州，https：//baike. so. com/doc/6476831 – 6690532. html，最后访问日期：2018 年 8 月 20 日。

括植物学湾港）、纽卡索港和肯布拉港三大港口。沿海有大分水岭，东部沿海地区又分为北海岸、中海岸和南海岸。该州最大的三个主要城市都在东部沿海地区，中海岸和南海岸之间，分别为悉尼、纽卡索、卧龙岗；[①]维多利亚州位于澳大利亚大陆的东南沿海，海岸线长 1800 千米，菲利普港湾（Port Phillip Bay）为该州和澳大利亚南部沿海最大海湾；塔斯马尼亚岛是澳大利亚最小的州，它像一个心形的小岛，其主岛塔斯马尼亚的地理位置和澳大利亚大陆的维多利亚州之间被巴斯海峡隔开，海峡东联塔斯曼海，西南通印度洋，该州除塔斯马尼亚主岛外，还包括离州首府荷巴特东南岸不远的布鲁尼岛，主岛外边许多小岛以及东南方约 1450 千米处亚南极地区的麦加利岛（Macquarie），海洋性的特征非常明显。[②]

第二节 澳大利亚的海洋资源

一 海洋空间资源

（一）海岸空间

绵延不断、长达 50000 千米的迷人海岸线，使得澳大利亚成为探索海岸风光的理想地点。海滩更是不计其数，数量超过其他任何国家。白天堂沙滩（Whitehaven Beach）、绿松石湾（Turquoise Bay）、凯布尔海滩（Cable Beach）、伯利角（Bruleigh heads）、曼利海滩（Manly Beach）、努萨主海滩（Noosa Main Beach）、科特索海滩（Cottesloe Beach）、四英里海滩（Four Mile Beach）、冲浪者天堂（Surfer's Paradise Beach）、库伦加塔海滩（Coolangatta Beach）十大海滩享誉全世界。澳大利亚的海滩洁白无垠、空旷纯净、陶醉迷人、引人入胜，大多数海滩并不会人声鼎沸，也因为没有过度的商业化而遭到人为的破坏，安然地分布在澳大利亚的各个州，各自闪耀着光芒，以最原始的面貌静静地绽放着美丽。除了洁白亮丽的海岸，这里借由海洋还产生了独特的风景和丰富多彩的活动，成为休闲度假、游泳、聚会、美食和放松的滨海胜地。既可以冲浪、帆板或是搭乘双翼飞机

---

① 新南威尔士州，https：//baike. so. com/doc/5355313 – 5590779. html，最后访问日期：2018 年 8 月 20 日。

② 塔斯马尼亚岛，https：//baike. so. com/doc/280636 – 297069. html，最后访问日期：2018 年 8 月 20 日。

或直升机体验在海面上方呼啸飞驰的感觉,又可以加入沙滩板球、排球运动,水肺潜泳或参加帆船比赛,再或面朝大海晒晒日光浴,在海滩享受独自垂钓的乐趣。人们可以单独体验或与家人共享海边的快乐时光,从热带珊瑚沙到金黄色甜美的新月,从崎岖不平的陆岬到隐秘的海湾,从潺潺细小的入水口到绵绵不断的碧海银滩。在海滩的清幽处静思,在树荫下享用特色美食,在海水中游泳浮潜。当然,和海洋生物来一次亲密接触也不失为一种独特的体验,浮潜,观鲸,或观赏五彩缤纷的珊瑚礁都让人留连难忘。

（二）港口资源

澳大利亚目前共有港口 93 个,其中墨尔本为全国第一大港。澳大利亚的港口航线主要港口有:悉尼（Sydney）;墨尔本（Melbourne）;布里斯班（Brisbane）;阿德莱德（Adelaide）;弗里曼特尔（Fremantle）;达尔文（Darwin）;珀斯（Perth）等。①

其中,悉尼、墨尔本、布里斯班、阿德莱德是基本港,具体情况如下:

1. 悉尼港（Sydney Harbor）②

悉尼（Sydney）位于澳大利亚东南部、杰克逊湾内,东临太平洋,是澳大利亚最大城市、海港和经济、交通、贸易中心。有定期的海空航线联系英、美、新西兰等国。港湾水深,设备良好,主要输出羊毛、小麦、面粉、肉类和纺织品等,进口机器、石油等。悉尼是亚太地区主要金融中心,是世界第七大外汇交易市场,其股票交易所,是亚太地区仅次于日本东京的第二大股票交易所。

悉尼港的环形码头（Circular quay）是渡船和游船的离岸中心地,人们可以选择各种档次和航程的渡船、游船,来欣赏悉尼这一世界最大自然海港的美丽景色。这里也是最繁华的游客集散中心点。

悉尼港是澳大利亚进口物资的主要集散地。港湾总面积为 55 平方千米,口小湾大,是世界上著名的天然良港。渡船、游艇、汽艇、远洋班轮

---

① 澳大利亚航线有哪些港口?世界航线介绍（七）http://www.fjtd - logistics.com/show.asp?id＝2180,最后访问日期:2018 年 12 月 19 日。

② 同上。

和划艇，所有这些都争相来到悉尼海港这个世界上最好的港口。

2. 墨尔本港（Port Melbourne）①

墨尔本港是澳大利亚著名商港。位于澳大利亚东南维多利亚州波特菲利普湾顶端、亚拉河口，港市之南，临巴斯海峡。港区包括亚拉河港区、亚拉维尔港区、新港区、威廉斯顿港区、墨尔本城港区和韦布港区等几部分。

亚拉河港区靠近墨尔本城中心，是个老港区。亚拉维尔港区在亚拉港区下游西岸。新港区在亚拉河口西岸，有马里比港石油化工码头。威廉斯顿港区在河口外西岸的岬角上，有向东北伸展的防波堤突堤和吉利勃兰德突堤。墨尔本城港区在海湾正北，与亚拉河港区相背，有两个向南伸展的突堤，东突堤用于车客渡，两突堤为石油公司专用。韦布码头区在亚拉河口西部，为沿海和远洋滚装船，吊装船集装箱装卸用。

3. 布里斯班港（Port of Brisbane）②

布里斯班（Brisbane）以苏格兰军人、新南威尔士总督布里斯班命名，位于东部布里斯班河下游，距河口22千米，是澳大利亚第三大城市和海港，工商业和交通运输中心。

布里斯班工业以机械、汽车、制糖、肉类加工、木材加工、纺织等为主，输出羊毛、肉类、水果等。布里斯班港素以装卸效率高、费用低而享誉国际航运界，布里斯班也是重要的军事基地。

4. 阿德莱德港（Port Adelaide）③

阿德莱德港为澳大利亚重要商港。位于南澳大利亚州，圣文森特湾（St Vincent Gulf）东岸，阿德莱德市西北郊——岬角的西北端（外港）和岬角的东南（内港），临南印度洋。

二 海洋生物资源

澳大利亚辽阔的海洋环境容纳了世界上种类繁多、最是迷人的海洋生物，这里有4000多种鱼类和30种海草，分别占了全世界鱼类和海草的

---

① 澳大利亚航线有哪些港口？世界航线介绍（七）http：//www. fjtd－logistics. com/show. asp？id＝2180，最后访问日期：2018年12月19日。

② 同上。

③ 同上。

18.18% 和 51.72% 。在这些海洋生物中，有一些较大型的海洋生物物种，包括有迁徙习性且性情温和的鲸鲨、座头鲸、露脊鲸和虎鲸，还有大儒艮、各种海豚和鲨鱼。每年 5—11 月，在澳大利亚的东部和西部海岸线会经常看到各种类型的鲸鱼浮出水面，其中，宁格鲁礁是世界上观看鲸鲨的最佳地点之一，袋鼠岛则是在野外观看澳大利亚海狗的最佳地点之一。

如果按照生态类型来分，澳大利亚的海洋动物中包括了浮游动物、底栖动物和游泳动物。海底浮游动物是一类经常在水中浮游，但本身不能制造有机物的异养型无脊椎动物或脊索动物幼体，也包括阶段性浮游动物，如鱼类等底栖动物的浮游幼虫和游泳动物的幼崽、稚鱼，其中比较有代表性的浮游动物包括了不同类型的水母、"西班牙舞娘"和水滴鱼。

斑点水母是澳大利亚常见的一种水母，斑点水母伞体呈半圆形，通体淡蓝色，伞体表面分布有白色斑点。有花状的足腕，后拖有触手，能够依靠光合作用补充自身能量，它以海洋小型浮游生物为食，常被称为水母仙子。①

灯水母又名箱水母、海黄蜂、海洋中的透明杀手，主要生活在澳大利亚东北沿海水域，经常漂浮在昆士兰海岸的浅海水域，这种水母仅有大约 16 英寸长，它有 4 个眼睛集中的地方，共有 24 只眼睛。灯水母的触须上生长着数千个储存毒液的刺细胞，不仅恶意攻击，就连贝壳或皮肤不经意的剐蹭都会刺激这些微小的毒刺，常被认为是目前世界上已知的、对人类毒性最强的生物。②

箱形水母也叫立方水母，是腔肠动物中的一纲，水螅体小，水母体大，会主动猎食鱼类、蟹类等动物。由于其触手对于人体有剧毒，被列为全球最毒的十种动物之首。③

马赛克水母也被称蓝鲸脂水母，是澳大利亚东海岸最常见的水母和大型群，主要分布于澳大利亚的昆士兰州，新南威尔士州，维多利亚州，栖

---

① 澳洲斑点水母，https：//baike. so. com/doc/7859577 - 8133672. html，最后访问日期：2018 年 10 月 20 日。

② 灯水母，https：//baike. so. com/doc/6940897 - 7163258. html，最后访问日期：2018 年 10 月 20 日。

③ 箱水母，https：//baike. so. com/doc/6012032 - 6225019. html，最后访问日期：2018 年 10 月 20 日。

息于河口潮间带和沿海水域。每年五六月份的时候，马赛克水母就会成群结队地涌到澳大利亚北部的海岸线一带。马赛克水母虽然无毒，不会对人类造成伤害，且也不会与渔民争抢渔业资源，但是马赛克水母的存在却会堵塞渔网，越是马赛克水母多的年份，捕鱼的困难指数也会越高，捕鱼量也会相应下降。①

在澳大利亚，有一种被称为"西班牙舞娘"的裸鳃亚目类动物，它属于海蛞蝓的一种，因其游动时摇摆的裙边很像西班牙跳弗朗明哥舞的舞娘的裙子，所以取名为"西班牙舞娘"。

水滴鱼，又名忧伤鱼或软隐棘杜父鱼、波波鱼，由于长着一副哭丧脸，被称为"全世界表情最忧伤"的鱼。水滴鱼生活在澳大利亚 600—1200 米的海底。②

澳洲肺鱼被称为活化石，是一种介于鱼类和两栖类之间的珍奇动物，它可以用鳃和鳔（肺）同时进行呼吸，也可以单独使用肺或鳃呼吸，昆士兰东南部的玛丽河与伯内特河是世界上仅存的适合肺鱼生长的自然生存水域。③

每年 7—9 月，濒临灭绝的座头鲸便会在澳大利亚大堡礁的珊瑚岛南部出现，它们的体长在 15 米左右，大的座头鲸体重在 40 吨以上，是一种温和的海洋哺乳动物。这里还能看到大量的儒艮，又叫海牛，它们和别的海洋哺乳类动物不同，是唯一以植物为生的。

在澳大利亚，还有大量的棘皮动物和软体动物等其他海洋生物，如海参、海星、海葵、蠕虫、海绵、海蛞蝓、海蜇、管虫、海胆、海鞘、水母、虾，种类繁多。某些濒临灭绝的动物物种（如人鱼和巨型绿龟）也栖息于澳大利亚，具有极高的科学研究价值。另外还有泳姿优雅的蝴蝶鱼，有色彩华美的雀鲷，漂亮华丽的狮子鱼，好逸恶劳的印头鱼，欲称霸海洋的鲨鱼，柔软无骨的无壳蜗牛，硕大无比的海龟，斑点血红的螃蟹，

---

① 马赛克水母，https：//baike.so.com/doc/5629348 - 5841969.html，最后访问日期：2018 年 10 月 20 日。

② 水滴鱼，https：//baike.so.com/doc/319953 - 338779.html，最后访问日期：2018 年 10 月 20 日。

③ 澳洲肺鱼，https：//baike.so.com/doc/4297053 - 4500714.html，最后访问日期：2018 年 10 月 20 日。

脊部棘状突出并且释放毒液的石鱼，还有天使鱼、鹦鹉鱼等各种热带观赏鱼。[①] 各种鱼类、蟹类、海藻类、软体类，五彩缤纷、琳琅满目。

除了海洋动物之外，澳大利亚海洋植物的种类也异常丰富。尤其是在到达利亚西海岸附近，有着极其丰富的海洋植物资源，当前记录的超过1000种海洋植物，这种多样性的生命形式包括海洋被子植物和多种海洋大型藻类植物。

在澳大利亚的海岸线中，澳大利亚红树林生态系统覆盖了20%的海岸线，红树林总面积约11500平方千米，它们向南延伸至维多利亚州的科列澳地区（南纬38°55′），但在澳大利亚北部的热带海岸分布的广度和多样性最大。[②]

此外，著名的大堡礁也是澳大利亚一座巨大的天然海洋生物博物馆。400余种珊瑚构成的密密丛丛海底"森林"，它们的分泌物和其他的一些物质构成了今天的珊瑚礁。

三　海洋矿产资源

海洋也是一个巨大的资源宝库，海底和滨海地区蕴藏着丰富的矿产资源，尤其是随着世界进入全面开发利用海洋的时代，各个沿海大国开始实施"科技兴海"战略，以加大对海洋矿产资源的开发利用。有着"坐在矿车上的国家"之称的澳大利亚是世界上矿产资源最丰富的国家之一，也是世界第二大矿产资源出口国。[③] 其海洋矿产资源种类丰富，既有来源于陆地的砂铂矿、砂铁矿、复矿型砂矿等滨海砂矿资源，也有在海洋内生成的各种海底自然矿物资源，如海底磷矿、锰结核、多金属软泥、块状硫化物矿床和油气藏等。

砂矿主要来源于陆上的岩矿碎屑，经过水的搬运和分选，最后在有利于富集的地段形成矿床。澳大利亚东部、西部和北部一系列地区分布着富

---

① 大堡礁，https：//baike. so. com/doc/1234629 - 1305817. html，最后访问日期：2018年10月20日。

② 澳大利亚的红树林，https：//www. ixueshu. com/document/75a72ae647de0769. html，最后访问日期：2018年10月20日。

③ 肖丽俊、陈其慎等：《浅议矿产资源供应强国：澳大利亚》，《中国矿业》2017年第10期，第15—20页。

含锆石、金红石、钛铁矿和独居石的巨型海滨砂矿，其中提取的金红石砂矿占世界总产量的90％，因此，澳大利亚又被称为"金红石之乡"。

除了金红石之外，澳大利亚锆英石储量也居世界第一位，其产量约占世界总产量的80％，因此澳大利亚也被称为"锆矿之国"。锆英石开采业在该国采矿工业中占有重要地位，主要集中在新南威尔士、西澳大利亚和昆士兰三个州。澳大利亚是世界上锆的最大的供应国，贸易对象主要是英国、美国、日本、德国和加拿大。澳大利亚是矿砂工业的先驱，也是钛、锆矿产品的主要提供者，矿砂工业现在每年出口创汇达12亿澳元，直接就业人数达3000人。国际上对钛和锆持续增长的需求为开发东南澳大利亚默里盆地世界一流的矿砂资源提供了一个机会。据估计，在宽大的默里盆地五个主要的地带大约有1亿吨粗矿砂，重矿物一级品的比例在2.4％—10％之间。以目前所掌握的知识来看，默里盆地的矿业有超过30年的生产期限，有潜力来填补日益增长的全球供应差额，已经订货的粗矿砂的价值达200亿澳元。从长远来看，有着丰富贮藏的细矿砂很可能成为默里盆地产品的重要组成部分。①

海底自生矿产不是来自陆源碎屑，而是由化学作用、生物作用和热液作用等在海洋内生成的自然矿物，或直接形成，或经过富集后形成，在澳大利亚，丰富的磷钙土、海底煤矿等海底资源为澳大利亚的矿业发展带来了巨大的经济价值。

四　海洋文化资源

（一）澳大利亚海洋文化资源种类

澳大利亚既有茂密的原始森林，又有一望无际的沙漠；既有漫长的海岸线，又有大量的岛屿；既有来自其他各大洲的移民，又分布着大量的原始土著民族，是一个充满魅力和神奇的地方，澳洲的海洋文化与这里独特的文化资源和地理环境联系在一起，其类型主要有渔业、造船、航海、港口等海洋物质文化；海洋政治制度、海洋军事制度、海洋交通制度等海洋制度文化；民俗节庆、海神崇拜、海洋遗产等海洋思想与社会文化，以及

---

① 中国商情网：《澳大利亚矿产资源分布概况》，http://www.askci.com/，最后访问日期：2018年10月20日。

海洋景观、艺术、文学等海洋审美文化等，这些丰富的海洋文化资源是澳大利亚发展现代海洋文化和海洋文化产业的重要基础和条件。

1. 海洋物质文化

澳大利亚的渔业发达，主要来自于商业渔业和休闲渔业，这两者是严格区分的。从商业渔业文化的发展来看，澳大利亚漫长的海岸线，岸形曲折、港湾众多，具有天然优越的海产品养殖和捕捞条件，4 万多年前，古力人（KOORIS）定居于澳大利亚，便开始对海洋渔业资源有所认识，它们靠采集和捕捞为生，逐步有了简单的捕鱼工具，渔网、鱼叉、钓具、网具等捕鱼工具开始应用于人们的生活中；随着外来移民逐渐进入澳大利亚，捕鱼成为沿海土著的主要生存生活方式，并有了初步的交易和贸易往来，伴随着捕鱼在澳大利亚土著生活中地位的提高，捕捞信仰、海鱼信仰、船上信仰等海洋文化信仰也随之衍生，在后来人们发现的澳大利亚古代土著遗留下的器皿中也发现了鱼纹美饰等图案。[①]

2. 海洋制度文化

海洋制度文化是一个国家或地区在国家层面上开发利用海洋、适应海洋、发展海洋而长期形成的制度传统，它作为国家面向海洋、发展海洋的制度设计和运行安排，体现的是国家的思想和意志。

澳大利亚的海洋制度文化包括海洋政治制度及其海洋行政制度的文化构建，海洋政治制度对内主要体现为澳大利亚政府的海洋政治主张和主导思想，对外主要体现为历代政府为维护国家海上安全和海外区域世界和平的政治制度构建；海洋行政制度是政治制度的行政体现，发挥着国家对海洋事务实施有限管理的制度功能，主要包括海洋疆域制度、海洋军事制度、海洋交通制度、海洋贸易制度，等等。[②]

作为一个被印度洋、太平洋和南冰洋三个大洋环绕的国家，澳大利亚拥有全世界最大的海事管辖范围，并在海疆保护方面体现出了制度管理上的优越性。[③] 澳大利亚也曾把大量的海洋工业交给外国人管理，偏向大陆的经济发展而忽略了海洋的建设，如今，澳大利亚在海洋在管理制度上逐

---

① 参见［澳］鲁伯特·莫瑞：《澳大利亚简史》，廖文静译，华中科技大学出版社 2017 年版。

② 曲金良：《中国海洋文化基础理论研究》，海洋出版社 2014 年版。

③ 大洋洲研究中心：《澳大利亚海洋管理体制研究报告》（2015 年）。

渐实现了战略、政治、经济和环境等几个方面的完善，不仅具备强大的"硬实力"，也体现出了全面的"软实力"。

3. 海洋思想与社会文化

海洋文化最基础的创造和传承主体是海洋社会，自人类海洋文明以来，与海洋打交道的人就不再仅仅是自然人，而是生活在一定涉海社会群体和社区之中，从而使得个人的生活变成了人类海洋社会生活的有机组成部分，而这其中最基本的内容就是海洋习俗生活，包括捕鱼的渔具等生产习俗，渔民的衣食住行等生活习俗，海神信仰、海洋神话传说、音乐等精神习俗，以及海洋节庆、美食等节会风俗。在澳大利亚悉尼建有多处天后宫，说明了当地人对妈祖文化的信仰。在海洋社会文化之中也存在着澳大利亚人的海洋精神文化，即人们在长期与海洋打交道的过程中而形成的体现冒险、探险、勇敢、拼搏、进取、顽强等精神意志的海洋精神，这些精神自始至终鼓舞着澳大利亚人直面海洋。

以海洋精神习俗为例，澳大利亚沿海社群中的土著音乐是当地土著经典的海洋精神文化元素，也是他们生活和庆祝活动中最精彩的一部分。这种土著音乐分为三种：一是神圣色彩的，用于神圣和秘密的海洋庆典活动，只能在特定的祭祀时用于特种目的。其主题通常与某些事件及神祇祖先有关。二是半神圣的，这种音乐占大部分。它们通常有男士唱歌、妇女跳舞来庆祝丰收等。三是非神圣的娱乐音乐，可由各种人士在各地表演，它们是沿海社群土著民族日常生活中非常重要的一部分，这些土著音乐由有节律的歌曲配合原始的拍手，拍身体，打击木棍等。①

另外，如托德河脚行船比赛（Henley on Todd Regatta）、达尔文节等节庆赛事也是澳大利亚沿海社群海洋社会文化的经典内容。

4. 海洋审美文化

澳大利亚的海洋审美文化内容丰富，形式多彩，使得海洋生活富有审美蕴含和艺术的形态，成为"艺术的生活"，也是"生活的艺术"。根据不同的审美活动方式，澳大利亚的海洋审美文化可以划分为海洋艺术创作文化与海洋审美体验文化。其中，根据不同的审美物化材料和审美表现方

①　参见［英］宾格汉姆：《澳大利亚土著艺术与文化》，简悦译，天津教育出版社 2009 年版。

式，又可以把海洋艺术创作细分为海洋文学、海洋音乐、海洋舞蹈、海洋雕塑、海洋绘画、海洋建筑、海洋摄影、海洋工艺美术，等等；海洋审美体验又可细分为海洋自然景观审美和海洋人文景观审美，等等。

以海洋艺术创作文化为例，据澳大利亚国家博物馆专修土著人绘画艺术的专家介绍，由于澳洲土著人在历史上没有文化记载，其文化多半表现在口头流传下来的神话故事、歌吟、绘画、雕刻和习俗之中，而绘画是记录土著民族历史及传播土著民族文化的一个尤为重要的媒介，被人们视为了解该民族的历史形成与文化发展的重要资料。因此，澳大利亚的作品在其内容和风格上往往融澳大利亚和其他国家的特色于一体，充分体现了多元文化的影响。①

再以海洋审美体验文化来说，澳大利亚的滨海旅游举世闻名，海洋公园和保护区建设也为世界瞩目，这其中必然离不开大量的、丰富多彩的海洋自然景观和海洋人文景观资源。南澳大利亚在全国各地举办了多场丰富多样的海洋审美文化推广活动，借助最新的虚拟现实（Virtually Reality，简称 VR）和 360°全景体验技术，着重推广南澳大利亚的海洋文化以及水上体验活动。

（二）澳大利亚海洋文化的特征

澳大利亚海洋文化具有世界海洋文化的一般特征和西方海洋文化的基本特征。

首先表现为海缘性。这是世界海洋文化的最首要本质特征，海洋文化是人类在与海洋的互动过程中体现的对海洋的认知、反映、利用、适应、发展等系列活动的结果，人类源于对海洋自然属性的探索和认知而创造了海洋的文化属性，因此，海洋的自然属性在一定程度上也是海洋文化属性的基础和前提②，澳大利亚的海洋文化也是直接或者间接地源于澳大利亚周边海域及其相连接的世界海洋的存在。

其次是流动性和开放性。海洋不是囿于一域一处的，海洋文化也便不局限于一域一处，它的四通八达通过海水的流动性和船只的布达而使得一

---

① 参见〔英〕宾格汉姆：《澳大利亚土著艺术与文化》，简悦译，天津教育出版社 2009 年版。

② 曲金良：《中国海洋文化基础理论研究》，海洋出版社 2014 年版，第 32—41 页。

处的文化得以朝四面八方传播、流动出去，并与异域文化产生交融和碰撞，在包容中实现文化的"杂交"和质的变化，产生海洋文化的交流、互动，使得海洋文化得以实现多元化的整合互动和发展变迁，尤其是随着时代的发展，海洋文化在国家间、民族间、区域间的辐射与交流愈加明显，联动和互动越发频繁，因此，澳大利亚海洋文化的流动性也是多元文化交汇的文化体。

再次是冒险性和创新性。神秘莫测的海洋吸引着人们通过冒险去探索海洋的未知和奥妙，由此开辟了航线，发现了新的大陆，学会了捕捞技术，制造了渔具，等等，从而不断地创造了人类的海洋文化，这便是创新特性和冒险特性的一个体现，也是澳大利亚海洋文化不断发展的一个推动机制。

最后是重商性。海上交通往来是澳洲的海洋文化繁荣的重要原因，其目的之一是移民，即其他国家通过海洋交通移民到澳大利亚，带来文化的碰撞和交流；另外一个目的便是贸易，即通过海上交通进行跨海跨域的商品交易买卖，这也是现代澳大利亚港口发达的一个重要体现。

第三节　澳大利亚的海洋管理

为了成为南太平洋地区的海洋大国，澳大利亚联邦政府及各州在海洋管理上精益求精，投入了大量财力物力，在海洋经济发展、海洋主权纠纷解决、海洋权益扩展、海洋资源开发管理、海洋生态环境保护等方面做了许多有益的尝试。

一　海洋综合管理机制

（一）实施海洋综合管理①

在管理制度建设上，澳大利亚采用联邦、州和地方三级政府组织联合管理的模式，三者之间密切协作，清晰地划分联邦政府与各州、领地之间的海域管理权，明确各政府部门及管理层次间的管理幅度和管理职责，共同致力于管理澳大利亚丰富的海洋资源；在管理内容上，凡涉及外交、国

---

① 大洋洲研究中心：《澳大利亚海洋管理体制研究报告》（2015 年）。

防、移民、海关的海洋事务均由联邦政府统一管理，除此之外的海洋事务则由州政府和地方政府负责，从而形成一套特有的澳大利亚海洋管理体制。

（二）实现海洋资源协调开发利用

从澳大利亚联邦成立后的时间来看，澳大利亚的海洋资源开发与保护可以分为三个阶段，第一个阶段是 1901 年澳大利亚联邦成立到 1994 年，此时的海洋资源开发与保护偏重军事目的，在联邦政府与各州、领地之间合理划分海洋管理权，从而实现海洋资源的合理、有序利用，期间也建立了大堡礁海洋公园和联邦海洋保护区，为海洋环境保护提供了新思路和新管理模式；第二个阶段是 1994 年 10 月起到 2012 年 6 月，澳大利亚对海洋的争夺和控制转变成以经济利益为主，开发海洋、发展海洋经济成为澳大利亚国家战略规划，以往争夺有战略意义的海区和通道为主的海洋战略转变成了以争夺岛屿主权、海域管辖权和海洋资源为主的海洋新战略；第三个阶段从 2016 年至今，澳大利亚提出建立新海洋保护区网络计划，海洋资源开发与保护转为以环境利益为主，兼顾经济和社会效益。[①]

目前，在海洋资源管理上，澳大利亚联邦政府采取计划管理的方式来进行海洋资源的分类管理，根据不同海洋特性将澳大利亚的海洋区域划分为 12 个基本海洋生态系统区，其中 7 个系统区环绕着澳洲大陆，包括塔斯马尼亚州，4 个分布在太平洋、印度洋和南大洋的澳大利亚籍海岛上，1 个分布在澳大利亚的南极领土上。这种根据海洋特性进行的功能区划分，有利于明确各海洋生态区之间的特性与差异，从而有利于对海洋资源进行有针对性的开发和管理，根据海洋特性划分海洋生态系统区，实现海洋资源的分类管理。[②]

（三）制定发展战略和规划

澳大利亚政府以"保护海洋、了解海洋及合理开发海洋"为理念，在 1997 年公布了《澳大利亚海洋产业发展战略》，在 1998 年先后公布了《澳大利亚海洋政策》和《澳大利亚海洋科技计划》两个政府文件，提出

[①] 蒋小翼：《澳大利亚联邦成立后海洋资源开发与保护的历史考察》《武汉大学学报》（人文社科版）2013 年第 5 期，第 53—58 页。

[②] 大洋洲研究中心：《澳大利亚海洋管理体制研究报告》（2015 年）。

了澳大利亚21世纪的海洋战略及发展海洋经济的一系列战略和政策措施。

二 健全法律法规

澳大利亚非常重视海洋管理的法制化建设，健全的法律体系为澳大利亚海洋发展提供了良好的法律环境，为澳大利亚海洋经济发展起到了保驾护航的作用。

（一）重视国内立法

《联合国海洋法公约》生效之前，澳大利亚实际已承认国际习惯法的许多条款，1994年10月5日正式批准加入《联合国海洋法公约》，成为缔约国。由于《联合国海洋法公约》是各国政治博弈的产物，很多问题只是做原则性规定，因此成员国在践行《联合国海洋法公约》时具有一定的弹性。澳大利亚正是利用《联合国海洋法公约》的这一特点，积极主动地在海域划分、海权争议等领域为自己争取权益。

另外，针对国内现有各种海洋开发利用活动，联邦政府或州政府也都制定了相应的法律，如海岸保护管理法、渔业法、国家公园和野生动物保护法、海洋公园法、环境保护海洋倾倒法和沿岸水域法等。澳大利亚对其海域、入海口的潮间带及与其相邻水域的动植物，部分或全部依法进行保护。为了建立健全的海域法律制度，澳大利亚先后共出台了600多部海洋相关的国内法律法规，范围涵盖了海洋生物多样性保护、渔业水产、近岸石油和矿产、海洋环境污染、海洋旅游、海洋建设工程和其他工业、海洋运输、药业、生物技术和遗传资源、能源利用、土著人和托雷斯群岛居民的责任和利益、自然和文化遗传等方面，健全的法律体系为澳大利亚海洋经济发展提供了良好的法律环境，为澳大利亚海洋经济发展起到了保驾护航的作用。[①]

（二）统一海上执法力量

海洋战略的实施需要相应的海上力量，澳大利亚强调海上力量的发展。一方面以集中的海洋执法体制加强海上力量。20世纪70年代以来国际关系变动，澳大利亚调整亚洲政策，结束将东南亚作为前沿防御阵地的历史；八九十年代以来，再次调整防御政策，澳大利亚海军加强西北沿海

---

① 李智青：《澳大利亚海事立法情况介绍》，《中国海事》2012年第2期，第63—65页。

基地建设，由海空军联合防御，地面机动部队配合，确保挫败任何来自陆地和海空的威胁，极大提高了海防能力。1996年澳美双边军事同盟关系进一步提升，加强了在军事技术、情报分享和后勤支持方面的紧密合作。①

另一方面，在1999年，澳大利亚建立了统一海岸警备队，下设60个机构，随时监管、掌握并向上级汇报边境地区发生和潜在的违法行为，对保证国家边境完整是至关重要的。

三　重视海洋发展保障体系建设

（一）实施科技兴海战略

1999年出台了"澳大利亚海洋科技计划"，2009年澳大利亚政府出台了"海洋研究与创新战略框架"，旨在建立更统一协调的国家海洋研究与开发网络，将参与海洋研究、开发及创新活动的所有部门协调起来，包括政府部门、联邦科学与工业研究组织、澳大利亚海洋科学研究所等研究机构及海洋企业等，充分挖掘海洋资源，为社会和经济发展服务。借助于海洋科技的发展，澳大利亚建立了海洋综合观测系统；开发了世界上最好的生态系统模型；发现了可能影响澳大利亚气候的海洋气温变化；绘制了世界第一张海底矿物资源分布图，建立了海洋渔业捕捞战略、海洋天气预报系统、保护海上大型工程的模型，开发了海洋生物技术生产天然药品等。②

（二）提高公众海洋素养

为了形成全民了解海洋、保护海洋、发展海洋的社会环境，澳大利亚在各级各类学校、社区广泛展开海洋教育。其中大学的海洋教育重在培养海洋人才，为海洋经济发展提供人才支撑；而在中小学及社区的海洋教育则重在强化中小学生及居民了解海洋、保护海洋的意识。

（三）保护海洋环境

澳大利亚全国海洋政策的主题为"健康海洋：为了现在和未来所有

---

① 王冠钰：《澳大利亚海洋法实践研究及其对我国的启示》，中国海洋大学硕士学位论文。
② 谢子远，闫国庆：《澳大利亚发展海洋经济的主要举措》，《理论参考》2012年第4期，第49—53页。

人的利益，了解并合理利用海洋"。为此，澳大利亚政府出台了综合性的、以保护生态系统为基础的政策框架，各州政府采取了诸如制订各地区海洋计划、对各地区海洋环境状况进行摸底、加强对商业活动和休闲活动环境影响的评估等措施，主要包括以下四点：一是注重渔业资源开发与养护，保持生物多样性和自然生产力，对主要经济鱼类实施限量、配额管理，对非经济种类则采用预警原则；二是推动建立了一批具有代表性的海洋保护区域，并提高对保护区的管理能力，根据《环境和生物多样性保护法案》，建立了一批具有代表性的海洋保护区域，形成了一个"海上保留地"网络；三是严格以国家法定标准为标尺来控制海洋及入海口的水质环境；四是充分发挥环境保护组织及社会中介的积极作用，不断提高社会的环保观念水平。①

（四）发展海洋产业

海洋产业在澳大利亚经济社会中占据着重要地位，许多海洋产业的发展已处于世界领先地位。澳大利亚政府非常重视海洋产业发展，积极搜集有关澳大利亚海洋主张区的资料，开展海洋产业发展的跟踪研究、基础研究与应用研究，确定海洋产业的发展方向和前景，并确保政策和法规环境尽可能支持海洋产业的发展。

目前，澳大利亚已开始着手开发一些非常有潜力的项目，如风能和潮汐能、海水淡化、深层海底采矿和海洋生物技术。在海洋生物和化学技术领域，澳大利亚已成为世界最大的通过海洋生化技术提取天然 β 胡萝卜素和食品添加剂以及维生素的生产国。澳大利亚工业科技研究和革新委员会近期为海洋生物探索提出了指导意见，其中包括改善投资环境、让利给研究机构等，希望借此来刺激海洋生物探索领域的发展。

---

① 于保华：《澳大利亚：潜在的海洋超级大国》，《中国海洋报》2013 年 10 月 21 日第 4 版。

第三章 澳大利亚海洋人文印记

第一节 海路传奇

一 澳大利亚早期海路简史①

澳大利亚的历史发展和多元化民族、种群的形成史在一定程度上是借助"海洋"和"船只"书写的。这个典型的移民国家，被社会学家喻为"民族的拼盘"。自英国移民踏上这片美丽的土地之日起，先后已有来自世界120个国家、140个民族的移民到澳大利亚谋生和发展。如欧洲的德国、希腊、意大利和一些亚洲国家和地区，如日本、中国台湾地区和越南。在百年的移民史中，不同国家、不同民族的人群借助于古船扬帆海上而移民到澳大利亚，而后定居，繁衍。"船"是他们迁徙于此的工具，也是他们移民活动的见证。

基于人类学、考古学等现代研究，人类大约在至少4万年前就已经来到澳大利亚，这批最早的移民通过木筏或者简单的船只到达澳大利亚，在千万年的岁月中，这些土著繁衍生息，散布到澳大利亚大陆各地。

从19世纪中期到20世纪初，随着社会经济的发展，澳大利亚逐渐从殖民地过渡到一个国家，这期间大批的自由移民乘船来此，使得澳大利亚在这半个世纪里人口增加8倍。19世纪后半期华人、德国人、娜维亚人在黄金的吸引下也通过海上航线进入澳大利亚。到了19世纪80年代，随着海上航线的开辟，越来越多的人口泛海行舟、远涉重洋来到澳大利亚，使得100多个民族血统在澳大利亚人口中得以体现，从而促进了澳大利亚多民族的多元文化显著特征的形成。

---

① 引自罗伯特·莫瑞：《澳大利亚简史》，廖文静译，华中科技大学出版社2017年版。

二　海上"丝绸之路"与澳大利亚

为满足中国市场对海参的巨大需求，中国海商和"望加锡海参捕捞者"早在 16 世纪即开辟了连接中澳之间的"海参之路"。按照"海上丝绸之路"概念的发展演变，此"海参之路"应属"海上丝绸之路"的一部分。尽管这一段历史和这一条商路长时间被忽略，但"海上丝绸之路"与澳大利亚的链接仍有一定的历史和现实意义。

早在汉代，中国的海船已航行在马来群岛和南印度附近的海域。至宋元时期，与澳洲大陆隔海相望的印度尼西亚群岛东部海域已是中国商船经常涉足之地，从 15 世纪初开始，中国海商与苏门答腊、爪哇、帝汶岛以及西里伯（苏拉威西岛）的望加锡等处开启了另一项贸易，即海参贸易，他们分别从两条航线运送到中国市场售卖。其一，从望加锡经望加锡海峡，穿越苏拉威西海，到苏禄群岛，然后经苏禄海，抵达马尼拉，从马尼拉穿越中国南海到达厦门；其二，从望加锡穿越爪哇海，经越南海岸，跨越中国南海到达广州（1819 年新加坡开埠后，来自望加锡的中国商船会在新加坡转口，然后航向中国）。由此，从澳洲北部海岸经望加锡到中国，从 16 世纪开始即相继开辟了两条海上贸易航线，使得澳洲北部海岸遂成为中国海参市场的重要补给源。除了海参之外，澳大利亚的"玳瑁、珍珠贝以及其他的印度尼西亚人需要的自然产品"也被贩运到望加锡，其中一部分远销到中国。直到南澳大利亚政府在 1863 年兼并北领地后，严格的贸易管制使得由"望加锡海参捕捞者"执行、中国海商参与、持续近 4 个世纪之久的中国—望加锡—澳洲之间的海参贸易宣告结束。[①] 通过贸易活动，加深了包括语言、艺术、音乐、宗教和经济等多方面的交流。

第二节　勇者乐海

一　妈祖精神和信仰与澳大利亚

古代交通工具简陋，对海外航线和海上气候掌控有限，海难事故频

---

① 冯立军：《"中澳航线"：一段被"忽略"的"海上丝绸之路"》，《厦门大学学报》（哲学社会科学版）2018 年第 4 期，第 97—105 页。

发，熟悉水性、洞晓天文气象、热心救助海难的妈祖因此被当成海上保护神建庙供奉。在民间需求基础上，宋以来的历代王朝通过褒封妈祖的方式，给妈祖文化注入护国佑民、慈爱济世的社会价值，并赋予妈祖海上漕运护航无限神权。古代中国海商与澳大利亚的往来，加之一批又一批华人乘船移民澳大利亚，他们不仅带去了中国的物产，也带去了中国的文化和精神，妈祖文化便是其中的一种，她持续存在和影响了澳大利亚地区很大一部分的华人，甚至土著。

妈祖文化体现了中华海洋文化的"和平"精神，是人类永恒追求的精神家园。她为海上丝绸之路沿线经贸活动频繁往来提供了稳固的文化条件，也扮演了重要角色。她随着华人经略海洋，开拓海疆，在海上丝绸之路沿线城市港口落地，并与当地文化融合，成为这些港口和城市的重要信仰，也促进了当地海上经贸发展、港口城市繁荣。中国与澳大利亚两国经济互补性实现的主要方式是靠海上丝绸之路实现的，妈祖信仰不仅是移居澳大利亚的华人和祖国的精神纽带，激励华人开拓进取，扎根他乡开展新生活。同时，妈祖文化在澳大利亚的传播和发扬光大有深厚的沃土，她将为中澳两国经济发展带来新的契机，使两国在经济、文化、教育等领域共同走向繁荣昌盛。①

二　南极探险

澳大利亚的南极探险始于 20 世纪初。塔斯马尼亚州的澳大利亚南极节是人们了解澳大利亚探险南极的一个窗口。2018 年 8 月 2 日，为期 4 天的澳大利亚南极节在塔斯马尼亚州首府霍巴特开幕，中国、挪威、芬兰、瑞士等国的相关人士出席了开幕式。② 目前，在澳大利亚也建有南极考察站。面对魅力无穷而又充满神秘色彩的海洋，澳大利亚丰富多样的海上探索活动，既弘扬了海洋精神，也提升了澳大利亚人民的海洋意识。

---

① 陈国生、关照宏：《澳大利亚的妈祖信仰与海上丝绸之路》2017 年第 4 期，第 59—65页。

② 陶杜兰：《澳大利亚南极节开幕》。https：//www.sohu.com/a/244815461-123753。

下　编
澳大利亚海洋文化的现代发展与转型

　　澳大利亚作为国家的历史并不很长，虽然澳大利亚的土著民族已经在这块土地上生活了上万年，是这块土地上真正的主人，但从英国探险家库克船长发现澳洲大陆算起，至今只有200多年的历史，所以，澳大利亚的历史是短暂的，澳大利亚人多数是从其他国家移民而来，因此，除去真正悠久的原住民历史，大部分是现代化的移民历史，这就决定了澳大利亚是一个年轻的国家，国家的海洋文化资源主要以现代化的呈现形式为主，包括与传统文化遗产保护相关联的文明，也大多以现代化的形式进行海洋文化资源的开发利用和转型发展。

第四章　国家海洋公园与保护区

　　环境污染和过度开采使得海洋资源正在面临着枯竭的危险，面对海洋环境恶化和渔业资源日益枯竭的问题，以及其对当地渔民生活和收入的负面影响，澳大利亚思考通过采取建立保护区，开发海洋公园等多种多样的形式来实现对海洋保护和发展的协调发展，其中海洋保护区（marine protected zones）是其中最大的一个概念，目前澳大利亚有 194 块海域属于保护范围，总面积近 6500 万公顷，其中包括鱼产地保护区、海洋生物栖息地保护区、历史沉船古迹区、有海洋的国家公园以及海洋公园。从 1937 年建立第一个海洋公园——绿岛海洋公园，到今天，澳大利亚已在各个州建立了 60 余个不同特色的海洋公园，既保护了海洋生态系统，又增加了相关海洋旅游及服务产业带来的收入。

第一节　国家海洋公园与保护区的内涵

一　海洋公园的内涵和功能

　　海洋公园是海洋保护区的一种形式，对于海洋保护区这一概念，世界自然保护联盟（International Union for Conservation of Nature 简称 IUCN）曾给出定义：保护区主要是为了保护生物物种和文化文明的特定区域，通过立法或其他有效措施来管理。

　　对于海洋公园的界定，基于不同的地理区位、自然环境以及区域社会经济发展的差异，世界各个国家和地区在对国家海洋公园的建设和发展中存在着一定的差异，相关的命名也就不尽相同。世界自然保护联盟将这一形式命名为国家公园（National Park），澳大利亚和加拿大都称之为国家海洋公园（National Marine Park），美国通常使用国家海岸公园（National-

Coast Park）这一命名，另外还有国家海滨公园（National Seashore）以及国家海洋保护区（National Marine Sanctuary）等不同的命名，不论是何种命名形式，对于这一海域保护开发形式的内涵界定却是相同的，均是站在公众利益的角度，强调保护珍贵的海洋生态环境及生物多样性，也都不排斥游憩、科研、教育等合理的资源利用模式。

澳大利亚政府认为海洋公园是一个多用途的综合区域，以物种基因多样性保护和环境维持作为最重要的目的，集综合科普教育研究、自然资源可持续利用和游憩与娱乐一体的海洋保护开发形式。[①] 在海洋公园的园区内，通常设有商业和休闲垂钓、潜水、鲸豚研究、划船、游泳、冲浪等观光者活动。建立海洋公园，其目的旨在：

第一，提供一个生态保护场所。通过对海洋公园内自然生态环境及文化历史遗产的保护，为当代和子孙后代提供一个均等享受人类自然及文化遗产的机会。

第二，提供一个游憩娱乐场所。通过对海陆特定区域内具有科学和观赏价值的自然景观及历史文化遗产的保护，为国民提供一个回归自然、陶冶情操的天然游憩场所，并增加社区居民收入，繁荣区域经济，并进一步推动生态环境保护。[②]

第三，促进学术研究及环境教育。海洋公园内拥有大量未因人类开发活动而发生改变或遭到干扰的地质、地貌、气候、土壤、水域及动植物等资源，是研究生态系统及文化历史遗产的理想对象，具有较高的学术研究及国民教育价值。

二　澳大利亚海洋公园的管理模式

从澳大利亚联邦政府及各海洋公园建立之后颁布的法律上可以看出，虽然不同地区的生物多样性不同、地理条件和环境也存在差异，但澳大利亚海洋公园在管理和运作上却有着一定的共性，这些共性构成了澳大利亚海洋公园的特色，也构成了主要的管理措施，这些共性主要体现在对海洋

---

① 张燕：《澳大利亚海洋公园的收入效应及其借鉴意义》，中国海洋大学硕士学位论文，2008 年。

② 王恒、李悦铮、邢娟娟：《国外国家海洋公园研究进展与启示》，《经济地理》2011 年第4 期，第 673—680 页。

公园实行分区管理的模式，同时，根据各海洋公园所处的海洋环境和保护的目标不同，在每一个具体的海洋公园的日常管理和运作中，都有其不同的具体目标和特殊条款。

对于这个共性，我们可以从澳大利亚联邦政府于 1975 年颁布的《大堡礁海洋公园法案》中窥见一斑，在这项法案当中，澳大利亚联邦政府首次提出了分区计划①，并在 1997 年的海洋公园法案中要求每个海洋公园要制订一个分区计划（Zone Plan）和执行计划（Operational Plan）。此后，分区计划已经成为每个海洋公园管理的关键性工具。即在海洋公园内划分庇护区、环境保护区、一般用途区和特殊用途区等不同功能特点的区域，② 并对这些区域设置了科学而详尽的管理目标和条款。

（一）区划管理

在澳大利亚海洋公园的区划管理上，不同的区域功能侧重不一。③

1. 庇护区（Sanctuary Zone）：这一区域着重对海洋公园内的动物及其栖息地、植物及有重要意义的文化所在地提供最高级别的保护，在庇护区内禁止任何的捕鱼、打捞和其他任何有害于区内动植物及其栖息地的行为。

2. 栖息地保护区（Habitat Protection Zone）：在该区域内通过保护动植物的栖息地和减少冲击性行为来有效保护生物的多样性，允许休闲渔业和某些形式的商业捕鱼活动。

3. 特殊用途区（Special Purpose Zone）：允许水产养殖、科研行为等一系列特殊活动。

4. 一般用途区（General Use Zone）：允许大部分的休闲渔业和商业捕鱼行为，但是禁止对生物可持续性带来破坏的捕鱼活动。

（二）配套管理目标和条款

管理目标和条款中规定了不同区域内允许和禁止的活动，在澳大利

---

① Great Barrier Reef Marine Park Authority . Measuring the economic and financial value of the Great Barrier Reef Marine Park［R］. Australia, 2005 – 07 – 30. Research Publication NO. 84.

② Marine Park Authority. Socio – Economic Assessment of the Port Stephens – Great Lakes Marine Parks［DB/OL］. http：//www. mpa. nsw. gov. au/, 2006 – 03 – 01.

③ 赵领娣、张燕等：《澳大利亚海洋公园对我国渔民增收的启示》，《渔业经济研究》2008 年第 2 期，第 51—52 页。

亚，每个海洋公园都有自己具体的区域图及相关的管理计划，各个管理计划的基本内容都是建立在 1997 年的海洋公园管理法案的基础之上，其主要内容包括以下几个方面：①

1. 保护生物物种。

2. 限制商业性捕鱼。

3. 休闲性捕鱼。

4. 旅游业。

5. 文化物质遗产保护。

6. 教育和科研。

7. 其他。

第二节　海洋公园和保护区的发展现状②

澳大利亚海洋公园的发展可以追溯至 20 世纪 30 年代，早在 1937 年建立了第一个海洋公园——绿岛海洋公园（Green Island Marine Park，GIMP），之后的近四十年时间里，海洋公园的建设由于种种原因陷入停滞状态，直到 1974 年才建立起第二个海洋公园——Heron & Wistari Reef 海洋公园。此后的 40 多年中，澳大利亚海洋公园开始遍布全国。下面我们分各个州来介绍一下澳大利亚的海洋公园与保护区建设情况。

一　维多利亚州海洋公园与保护区

在维多利亚州，共有 13 个国家海洋公园和 12 个海洋保护区，这些海洋公园和保护区覆盖了大约 5.3% 的维多利亚海域。③

（一）维多利亚州国家海洋公园

1. 愉景湾国家海洋公园（Discovery Bay Marine National Park）④

---

①　诸葛仁：《澳大利亚自然保护区系统与管理》，《世界环境》2001 年第 2 期。

②　本章根据澳大利亚各洲官方网站及 itrip 澳洲网站（http：//guide. itrip. com/au/）整理。

③　澳大利亚官方网站：Marine National Parks and Sanctuaries，https：//www. australia. gov. au/environment.

④　参见维多利亚官方网站：Discovery Bay Marine National Park，http：//parkweb. vic. gov. au/explore/parks/ discovery – bay – marine – national – park.

愉景湾国家海洋公园是维多利亚通往大澳大利亚湾（Great Australian Bight）和南大洋广阔海洋的海上门户。该公园位于波特兰以西 20 千米处，占地 2770 公顷，保护着维多利亚州西部最大的沿海玄武岩地层。这些玄武岩岩石是由熔岩形成的，在过去的一百万年中，熔岩被冷却和硬化，逐渐形成现在的景观。公园东边是水桥岬（Cape Bridgewater）的悬崖，北边是愉景湾的白色沙丘。

在国家公园内，海水的变动描绘了海岸的动态历史，在深水区（30—60 米），当海平面远低于今天海平面时，古代海岸线或沙丘便已形成了低礁。在这些珊瑚礁之间，通过水的无尽运动，平原上的沙子被蜿蜒成对称的山脊。由于该地区气候寒冷，水域营养丰富，公园内有丰富多样的迷人海洋生物。深层的钙质岩礁支撑着技术性的海绵花园，而较浅的珊瑚礁则覆盖着棕色的海藻。人们可以找到雄伟的鱼类和各种各样的无脊椎动物，包括南岩龙虾，黑唇鲍鱼和柳珊瑚。水域也能看到有大白鲨和蓝鲸在夏季繁殖。

在维多利亚州，政府承认维多利亚州的传统原住民对其所在区域公园和保护区的拥有权。通过他们的文化传统，土著人民拥有着从祖先一脉相承的土地，并保持着他们与水域的联系。从土著的传统文化来看，这个公园是 Gournditch – Mara 人的一部分。

2. 十二使徒海洋国家公园（Twelve Apostles Marine National Park）[①]

十二使徒海洋国家公园位于坎贝尔港（Port Campbell）向东 7 公里处，占地 7500 公顷，占据着 17 千米迷人的海岸线，其标志性的景观为金色悬崖和十二使徒（Twelve Apostles）摇摇欲坠的支柱。除了上述的海洋景观，公园还有一些维多利亚时期最具戏剧性的海底景观。壮观的拱门、峡谷、沟和深坡礁裂缝弥为海浪涌动提供了良好的机遇环境，使得南大洋狂野而强大的浪潮不断冲击海岸，形成了今天我们所看到的模样。

壮观的海底水下结构为大量的栖息地提供了一个综合场所，这里包括了海带森林和多彩的海绵花园。在这个美丽的公园中，许多动物在水上和水下一样繁荣，其中包括海鸟、海豹、龙虾、珊瑚鱼和海蜘蛛。潮间带和

---

① 参见维多利亚官方网站：Twelve Apostles Marine National Park，http：//parkweb. vic. gov. au/explore/parks/ twelve – apostles – marine – national – park.

浅滩潮下礁石因为无脊椎动物多样性和石灰石暗礁里的动物栖息而在维多利亚众所周知。鲸等海洋哺乳动物也会到访该地区。在天黑后或在清晨，还可以看见十二使徒下洞穴里的小企鹅。

从该公园区域的土著传统文化来看，该公园位于两个语言群区之间。位于 Gellibrand 河以西的是 Kirrae Whurrong Country，而 Gellibrand 以东则是 Gadubanud Country。

3. 希克斯角海洋国家公园（Point Addis Marine National Park）[1]

希克斯角海洋国家公园占地 4000 公顷，位于东吉普斯岛（East Gippsland）的克拉金固龙国家公园（Croajingolong National Park）旁边。希克斯角漂亮的花岗岩悬崖环绕着这个代表了维多利亚远东地区海洋环境的海洋公园。在公园的水域里有一系列的栖息地，包括高度在潮线以下的花岗岩礁、潮间带石台和近海沙滩。公园里比较显著的景点有礁前和鲸背岩（Whaleback Rock），上面有 1—15 米的深沟，许多无脊椎动物栖息于此。海床从海滨陡然直降 90 米，使其成为维多利亚州最深的海洋区域之一。这个地方还有两艘遇难船只 SS 科朗吉号（SS Kerangie）和 SS 萨罗斯号（SS Saros）的残骸。

遍布整个公园的多样性海洋生物令人惊叹。这里的许多生物比如大型黑色海胆（Black Sea Urchin）再往西就见不到了，因为那里的水温太低。透过清澈见底的海水，可以看到摆动的褐藻，上面有绚丽多彩的海绵，在基部周围生长的海鞘和海扇。这里还有无数色彩艳丽的海星、海蛇尾、鲍鱼、毛掸虫、海贝壳、寄居蟹和精巧的裸腮亚目软体动物（海蛞蝓）。鱼类也同样是多种多样，包括大批的远洋（自由游动的）鱼类，如梅鲷（Butterfly Perch）、黑鲳（Silver Sweep）、长鳍海盗鲷（Long‑finned Pike）、带状莫沃鱼（Banded Morwongs）等。

4. 菲利普港海角海洋国家公园（Port Phillip Heads Marine National Park）[2]

菲利普港海角海洋国家公园占地 3580 公顷，由菲利普港南端的天鹅

---

① 参见维多利亚州官方网站：Point Addis Marine National Park，http：//parkweb. vic. gov. au/explore/parks/point‑addis‑marine‑national‑park.

② 参见维多利亚州官方网站：Port Phillip Heads Marine National Park，http：//parkweb. vic. gov. au/explore/parks/port‑phillip‑heads‑marine‑national‑park.

湾（Swan Bay）、泥岛（Mud Islands）、龙狮戴尔角（Point Lonsdale）、尼平角（Point Nepean）、教皇之眼（Popes Eye）和波特西洞（Portsea Hole）六个独立海洋区域组成。该公园是一个国际公认的潜水地点，提供体验各种级别的潜水和浮潜机会。

在公园里有各种各样的栖息地，从泥滩和海草草甸到深浅礁，从岩石海岸到美丽的远洋水域，从遮蔽的潮间带泥滩到潮间带沙滩，从潮下柔软基质和岩礁到开阔水面，多样化的栖息地以及地处维多利亚市中心的位置使得这一地区海洋动植物多样性和丰富性远远超过世界上其他许多条件类似的栖息地。公园所处的地方拥有广袤的栖息地和丰富的迁徙涉水鸟种类，这些栖息地已被列入保护迁徙鸟类的条约中，包括关于湿地国际重要性的国际公约（拉姆萨尔公约）。①

菲利普港河口之所有拥有数目众多的海洋生物，是因为其周围栖息地幅员辽阔，而且正好位于维多利亚的中心位置。这一区域是某些动植物分布在最南端的栖息地，有些动植物偏爱西维多利亚的沁凉水域，也有些动物，比如来自东澳大利亚的喜温物种，它们同样也能在海湾这片相对平静而低浅的水域中生存。

在海洋国家公园附近的许多地方能够看到大量贝类和其他动物的遗骸，这些遗骸证明土著人将海洋环境作为食物来源。在欧洲早期，菲利普港海角是早期殖民地牧场的主要入口点，后来成为维多利亚州中部丰富的金矿区。来自世界其他地方的大量船只穿过菲利普港口，其中一些人在隐藏的珊瑚礁和狭窄的海湾入口处遇难。一些残骸至今仍在菲利普港海角国家公园内，其中包括霍利黑德（Holyhead），乔治罗珀（George Roper）和朗斯代尔礁（Lonsdale Reef）附近。尼平附近的伊丽莎拉姆斯登（Eliza Ramsden）和教皇之眼（Popes Eye）附近的重要遗迹 William Salthouse 也位于公园附近。

南部海湾也是新兴殖民地关注的一个领域，是外国势力在 19 世纪下半叶扩大其在该地区的影响力的潜在途径。他们在此地建造了许多堡垒，其中一些到今天仍被国防部使用。其中，教皇之眼（Popes Eye）是一个未完成的堡垒的基地。除了名为南海峡堡（South Channel Fort）的人工

---

① 网站整理。http://guide.itrip.com/au/2746.html.

岛，尼平（Point Nepean）和昆斯克利夫（Queenscliff）的大型防御工事以及建在天鹅岛上的第四个堡垒外，教皇之眼（Popes Eye）旨在保护海湾入口，尽管当其他堡垒建成时，它被其他地方的枪支所毁。

5. 法国岛海洋国家公园（French Island Marine National Park）①

法国岛海洋国家公园坐落于图拉丁（Tooradin）以南 10 千米处，毗邻位于西港（Western Port）的法国岛国家公园（French Island National Park）北海岸。该公园沿海岸线延伸 15 千米，占地约 2800 公顷。公园拥有维多利亚面积最大的盐泽地和红树林，且有着国家地貌学重要意义的泥滩。不同深度、轮廓和朝向的潮汐通道体系，形成了高度多样化的栖息地，包括周边水域的多处海草床。这些海草床尤为重要，因为自 20 世纪50 年代起，海湾其他区域的海草床已大量消失。

这些栖息地为西港发现的 32 种迁徙涉禽鸟类提供重要的觅食和繁衍场地。包括这些迁徙鸟类在内，西港已发现了 295 种鸟类，包括黑天鹅（Black Swans）、斑蛎鹬（Pied Oystercatchers）和澳洲琵鹭（Royal Spoon-bills）。法国岛海洋国家公园是西港拉姆萨尔公约保护区（RAMSAR site）的一部分。

除了鸟类，这里还有丰富多样的海洋生物。海草床繁衍了许多具有商业价值的物种，如大石首鱼（King George Whiting）、黑鲷鱼（Black Bream）和黄鲻鱼（Yellow – eyed Mullet）。泥滩也繁衍了种类繁多的底栖动物，如蠕虫和双壳类软体动物。这些生物对于生物链中的营养物质循环十分重要，因为它们将海湾中的腐化物质转变为动物组织，成为鸟类和鱼类的食物。

6. 邦诺海洋和海岸公园（Bunurong Marine and Coastal Park）②

邦诺海洋和海岸公园坐落在南吉普斯兰（South Gippsland）因沃洛克（Inverloch）西南方 6 千米处，这座规划中的公园占地 2100 公顷，拥有约5 千米的海岸线。美丽的海岸线上遍布了形状奇特的礁石、迷人的细沙海湾、崎岖的沙石悬崖、沙丘和突出的海岬。

---

① 参见维多利亚州官方网站：French Island Marine National Park，http：//parkweb. vic. gov. au/explore/parks/french – island – marine – national – park.

② 参见维多利亚州官方网站：Bunurong Marine Park，http：//parkweb. vic. gov. au/explore/parks/bunurong – marine – park.

沿岸的海域保护了不同类型的生物栖居地，包括潮带间的暗礁、潮下的岩礁、海藻丛和海草床。这里的海水凉爽，很像维多利亚中西部的海岸，然而因为远离国王岛，相对没有受到西南向汹潮的影响。

由于独特的自然环境，这里的海洋生物十分特别。该地区的潮间沙石礁拥有东维多利亚记录中多样性最高的潮间和潮下带无脊椎动物。海藻种类的范围也十分丰富，包括绿藻、蓝绿藻、棕藻和薄壳珊瑚状的红藻。

海草地和细沙海湾也是该地区重要的生物栖居地。栖居地的多样性繁育了大量海洋生物，包括海星、羽毛星、蟹、海生蜗牛、杰克逊港鲨鱼和多达87种鱼类。这里还能够看到座头鲸、南露脊鲸和亚南极软毛海豹。

白人在此定居之前，邦诺人是这片海岸的守护者，并已有数千年的历史。共有五个氏族组成了邦诺部落。Yowenjerre部落沿着Tarwin河向西占据了该区域，这一部落所在地现在是邦诺海洋和沿海公园。这一部落的人开采了火山道路的裸露岩石，把它们打造成了斧头，并且与邻近的部落进行贸易。含有木炭和贝类的Middens标志着他们的露营地在现在沿着海岸的位置。

1797年，乔治巴斯乘坐鲸船从悉尼起航，探索南部大陆海岸。他发现并命名了第一个拥有这个名字的天然海港和海峡。1840年11月，Surveyor Townsend在入口处停泊并在当前Inverloch的地点扎营，同时他花了几天时间探索和绘制了Tarwin河的入口和下游。1841年，乔治·道格拉斯·史密斯（George Douglas Smythe）在距离海岸一天的步行路程中，从帕特森角（Cape Paterson）到Cape Liptrap海岸进行了调查，包括安德森湾（Anderson Inlet），塔尔温河（Tarwin River），湖泊，小溪，沼泽，灌木丛，沼泽和山脉。他在Anderson Inlet入口处命名为Eagles Nest，Petrel Rock和Point Symthe。

7. 威尔逊岬海洋国家公园（Wilsons Promontory Marine National Park）[①]

威尔逊岬海洋国家公园占地15550公顷，是维多利亚最大的海洋保护区。该公园坐落于威尔逊岬南端沿着17千米的大陆海岸线延伸。这里的

---

① 参见维多利亚州官方网站：Wilsons Promontory National Park，http：//parkweb. vic. gov. au/explore/parks/wilsons – promontory – national – park。

海岸线壮美之极，有着迷人的海滩、花岗岩山脉和悬崖，且有岩石嶙峋且风景如画的离岸岛屿作为背景。

威尔逊岬海洋国家公园拥有壮美的水下景观，是潜水爱好者的天堂。花岗岩悬崖陷入水面以下，深水礁石有海面覆盖。这里的众多小岛成为企鹅、海鸟和海豹的栖息地。

威尔逊岬水域有着极为多样的海洋生物。这里有色彩斑斓的鱼类，如红绒鲉（Red Velvetfish）、东部石斑鱼（Eastern Blue Groper）、濑鱼（wrasse），以及如多叶树木般的海龙（Seadragons）和成群的巴伯鲈鱼（Barber Perch）。生活在潮间带的软体动物，如帽贝和蜗牛，以及银莲花、海蛇尾和海星，均为该水域常见动植物。

潜水者可欣赏迷人的海绵花园，种类繁多的海绵、海洋郁金香、柳珊瑚、花边珊瑚和海扇，组成了斑斓的彩色世界。章鱼会在夜间出没，而鲨鱼和虹鱼则在沙滩区域潜游。离岸岛屿为海狗和众多海洋鸟类提供了栖息地，如小企鹅（Little Penguins）、仙锯鹱（Fairy Prions）、银鸥（Silver Gulls）和太平洋鸥（Pacific Gulls）等。

8. 入口湾海洋国家公园（Corner Inlet Marine National Park）①

入口湾海洋国家公园占地 1550 公顷，公园朝向威尔逊岬国家公园（Wilsons Promontory National Park）东部和南部，位于入口湾（Corner Inlet）南海滨附近。这片避风的入口处环境宜人，低洼的沼泽地貌被威尔逊岬（Wilsons Promontory）花岗岩山环绕着，形成一个雄伟的背景。

入口湾海洋国家公园里面有不少旅行社提供游船，非常适合划船。在威尔逊岬国家公园的锡矿湾（Tin Mine Cove），也是船上露营的绝佳地点，可以乘独木舟或者皮划艇探索整个公园。

在维多利亚州的大海湾中，入口湾位于最东端，因此也最暖和。国家公园保护着大面积的海草，包括南澳大利亚唯一广阔的波喜荡（Posidonia australis）草地。地势低洼的沼泽环绕着海水。这些海草和沼泽具有极其重要的生态意义，尤其是对于候鸟来说意义非凡。这片地区已被列为入口湾拉姆塞尔国际重要湿地（Corner Inlet RAMSAR）的一部分。公园的背

---

① 参见维多利亚州官方网站：Corner Inlet Marine and Coastal Park，http：//parkweb. vic. gov. au/explore/parks/corner – inlet – marine – and – coastal – park。

景是威尔逊岬的花岗岩山，景观壮丽。

9. 九十英里海滩海洋国家公园（Ninety Mile Beach Marine National Park）①

90 英里海滩海洋国家公园位于赛尔（Sale）以南 30 千米处，占地面积 2750 公顷，覆盖 5 千米长的海岸线。这里未经破坏的海岸线沿着保护吉普斯兰德湖（Gippsland Lakes）的细长沙丘地带延伸。

在水面以下，广阔的沙滩平原朝各个方向延伸。然而，这里的沙滩并不像表面看上去那样单调乏味，波浪作用和潮水将沙粒分为不同类别和层次，而土丘和波浪等表面特征则是动物活动和波浪作用的结果。

海岸上没有岩石林立的海岬或平台，离岸只有零星的礁石带，周期性地被沙石覆盖。这些海岸或沙丘地貌形成于冰川时代，当时的海平面比现在更低。该地区特有的广阔潮下沙地繁衍着众多海洋生物。事实上，这里是地球上生物多样性最为显著的地区之一，10 平方米之内就发现了 860 个物种。这里的沙地栖居生物包括管状建筑蠕虫、小型软体动物和众多微型甲壳类生物。

从该公园传统的土著主人文化习俗来看，该公园是古奈克奈（Gunaikurnai）原住民国土的一部分。

10. 克拉金固隆国家海洋公园（Point Hicks Marine National Park）②

克拉金固隆海洋国家公园占地 4000 公顷，位于东吉普斯岛（East Gippsland），海岸线长 100 公里，拥有非凡漂亮的多样性景观：从白色的沙滩和岩石林立的海岸岬角，到蔓生的石楠地、茂密的雨林和高耸入云的桉树。这里有也是超过一千种原生植物、海洋生物，以及三百多种鸟类的栖息家园，合计约为澳洲生物总数的三分之一。

克拉金固隆的花岗岩悬崖精美地构成了代表维多利亚远东海洋环境的海洋公园。在水域内，人们可以发现一系列栖息地，包括花岗岩潮下礁，潮间带岩石平台和近海沙滩。值得注意的特征是前礁和驼背岩，它们有 1—15 米的深水槽，生活着许多无脊椎动物。海底从岸边迅速下降到 90

---

① 参见维多利亚州官方网站：Ninety Mile Beach Marine National Park，http：//parkweb. vic. gov. au/explore/parks/ninety – mile – beach – marine – national – park.

② 参见维多利亚州官方网站：Point Hicks Marine National Park ，http：//parkweb. vic. gov. au/explore/parks/point – hicks – marine – national – park.

米，这使它成为维多利亚州最深的海洋区域之一。

整个公园内有着数量惊人的海洋生物多样性。在这里发现的许多生物在澳大利亚西部都找不到，如大型的黑海海胆。通过非常清澈的海水，人们可以看到摇曳的棕色海藻，五颜六色的海绵，海鞘和海扇生长在它们的基地周围。有许多颜色鲜艳的海星，鲍鱼，扇形虫，海贝壳，寄居蟹和精致的裸鳃类生物。鱼类的多样性同样如此，包括浮游（自由游动）鱼类，如蝴蝶鲈鱼，银色扫帚，长鳍派克和带状 Morwongs。

11. 豪威角海洋国家公园（Cape Howe Marine National Park）①

豪威角海洋国家公园位于维多利亚州东部，与新南威尔士州接壤，占地面积 4050 公顷。这个公园是多种动物的栖息地，这些栖息地生存着南部海洋物种的冷水混合物种和北部更常见的温暖水域物种。公园内的栖息地包括海藻林，花岗岩和砂岩礁，沙滩和柔软的沉积物。珊瑚礁的范围从潮间带到潮下带，深达约 50 米。岩石栖息地具有复杂的形态和结构，并经常暴露在盛行的东风口。

该地区的海洋生物迷人而多样，因为温暖和凉爽地区的物种都可以居住在这里。棕色海藻 Phyllospora 产生的茂密树冠下面是一个美丽的海底喷射海藻，有珊瑚藻、海洋郁金香、海绵、五颜六色的海星和许多大型贝壳。在海鞘的集合中可以找到微小的脆弱的甲虫，甲壳类动物和颜色鲜艳的蠕虫。

在更深的水域中，有密集的海绵花园，花园由海绵、柳珊瑚和海鞭组成。这些壮观的栖息地生存着多种鱼类，包括濑鱼，鲱鱼和太阳鱼。数百头驼背鲸经过豪威角从南极洲迁徙而来，有时他们会跟随一群逆戟鲸。公园里还会看到在 Pengo 岛上的小车上觅食的小企鹅。

12. 亚林加海洋国家公园（Yaringa Marine National Park）②

亚林加海洋国家公园位于西港的大陆和鹌鹑岛自然保护区之间，占地面积 980 公顷，是西部港口 RAMSAR 湿地的一部分，由于其对涉禽鸟类的重要性，因此在国际上具有重要意义。该地区有各种重要的生态栖息

---

① 参加维多利亚州官方网站：Cape Howe Hicks Marine National Park，http：//parkweb. vic. gov. au/explore/parks/cape – howe – marine – national – park.

② 参见维多利亚州官方网站：Yaringa Marine National Park，http：//parkweb. vic. gov. au/explore/parks/yaringa – marine – national – park.

地，包括盐沼，红树林，隐蔽的潮间带泥滩，潮下软沉积物和潮汐通道。

亚林加海洋国家公园现存的大量栖息地对众多物种来说都事关他们的生存。泥滩是许多涉禽和其他水鸟类重要的觅食地。一些鸟类，比如红颈滨鹬在北极同种繁殖，在暖和季节迁移到亚林加海洋国家公园（Yaringa Marine National Park）。西港现已发现的鸟类有 295 多种，其中 32 种是熟知的迁移鸟类。

此外还有美丽的西港湾国家海洋公园（Westernport Bay Marine National-al Parks）等。

（二）维多利亚州海洋保护区

1. 拱门海洋保护区（Arches Marine Sanctuary）[1]

拱门海洋保护区位于沿海，靠近坎贝尔港（Port Campbell），拥有占地 45 公顷的壮美海景。该地区以水上石灰岩景观闻名于世，然而，海浪以下 19—25 米则是耸立的石灰岩峡谷、洞穴、拱门和石壁组成的迷宫。该公园因此类构造而得名。该地区以高能量的海浪及南部海洋（Southern Ocean）涌流而来的冷水为特色。

海浪以下的复杂构造为色彩绚丽的海藻和海绵提供了绝佳的生长环境。由于水下拱门造成的下部阴影区，这里的栖息地为巴斯海峡（Bass Strait）所能找到的典型深水水域。这里有着丰富多样的海洋生物，包括柳珊瑚、海绵、苔藓虫和水螅虫。此类构造的上部覆盖着厚厚的棕色巨藻昆布放射虫纲生物，下层为精致的红色海藻。此类栖息地繁衍着成群的岩礁鱼类、海豹及各类无脊椎动物，如龙虾、鲍鱼和海胆。

2. 马伦戈暗礁海洋保护区（Marengo Reefs Marine Sanctuary）[2]

马伦戈暗礁海洋保护区刚刚越过了阿波罗湾，在世界知名的大洋路旁，保护着 12 公顷的海域。这个保护区离岸大约 150 米，保护着一种称为小亨蒂暗礁（Little Henty Reef）的暗礁系统，暗礁分为内侧和外侧两部分，通常暴露在外，而且被称为"缺口（gap）"的狭窄通道所分开，这些"缺口"由砂岩构成，可支持奇妙的潮间和潮下暗礁，暗礁被海洋生

---

[1]　参见维多利亚州官方网站：Arches Marine Sanctuary，http：//parkweb. vic. gov. au/ex-plore/parks/ arches － marine － sanctuary.

[2]　参见维多利亚州官方网站：Marengo Reefs Marine Sanctuary，http：//parkweb. vic. gov. au/explore/parks/Marengo － reefs － marine － sanctuary.

物所包裹着。探索潮间暗礁的访客会遇到许多的无脊椎动物，包括海螺、蠕虫和鲍鱼。稍深水域中有许多美丽的海草花园，包括高耸入云的巨藻森林、弱小的红色和绿色物种群。在两个小岛之间，比较温暖的水能够养育多种颜色的软体珊瑚、海绵群和海胆。多种多样的栖息地为大量物种提供了资源，包括澳大利亚海狗、斑马鱼群和许多獭鱼种。

3. 鹰岩海洋保护区（Eagle Rock Marine Sanctuary）①

鹰岩海洋保护区位于艾瑞斯河口（Aireys Inlet），这个公园保护了17公顷的海洋水域和离岸300米的项目。鹰岩海洋保护区是大洋路上著名的保护区公园之一。悬崖由坚硬的玄武岩和碎石状石灰岩构成，到处是洞穴和暗礁。海滨被岩石遮盖，离岸地区有两个大型岩石：鹰岩和桌岩。

桌岩经常被不间断的海浪击打，而鹰岩是一个高大的火山岩堆，被石灰岩覆盖着。潮间带和潮下玄武岩和沙石暗礁为许多物种提供了栖息地。岩石平台被标志性的海王星项链（Neptune's Necklace）褐藻覆盖，这一海藻是澳大利亚和新西兰所特有的。在岩石水池中，游客可以发现迷人的生物，包括章鱼、石鳖和装饰蟹类。

在沿海地区，鹰岩和桌岩边缘是旋涡式的巨藻，在更深水域游客可以发现色彩鲜艳的海洋郁金香和带壳海绵。这些物种所在的这个美丽栖息地生长着广阔的海洋生物，从濑鱼、胭脂鱼到猫科鲨鱼、杰克逊港鲨鱼、鳐科鱼和鳐形目鱼。许多鸟类将这一区域当作觅食地和栖息地，在每年的特定时段可能会有鲸鱼穿过这片区域。

4. 危险角海洋保护区（Point Danger Marine Sanctuary）②

危险角是澳大利亚新南威尔士州与昆士兰州州界所在地，当年库克船长第二次登陆澳洲大陆的时候经过这里，因暗礁太多导致船只遇险而得名。这个海角树木青翠，草坪葱绿，大海浩渺，海浪从远方涌来，堆起一层层白浪，前仆后继地扑向岸礁。

这里的年平均温度在25℃左右，最适于人们游泳和滑水。此处有一处著名的"冲浪者天堂"，这里原是一片荒无人烟的海滩，20世纪初，一

---

① 参见维多利亚州官方网站：Eagle Rock Marine Sanctuary，http：//parkweb. vic. gov. au/explore/parks/eagle - rock - marine - sanctuary.

② 参见维多利亚州官方网站：Point Danger Marine Sanctuary，http：//parkweb. vic. gov. au/explore/parks/point - danger - marine - sanctuary.

位独具慧眼的旅游家为迎合澳大利亚人滑水、冲浪的爱好，在这里盖起了一家旅馆，名为"冲浪者天堂"。结果，国内外游人纷至沓来，逐渐发展成为颇具规模的旅游区，旅游区还建有著名的"蓝色马林"钓鱼比赛场地。现在这里是冲浪者最喜爱的活动场地，也是每年二三月间举行世界冲浪大赛的正式比赛场地。

在高岸上矗立着一座乳白色的界碑，新南威尔士州和昆士兰州的领域就在这里相交。石碑的下面是由草木花卉构成的地表，地表上一块白色的纪念碑神情高傲，据说是为了纪念那位库克船长的开发功劳。

5. 巴望崖海洋保护区（Barwon Bluff Marine Sanctuary）①

巴望崖海洋保护区位于巴望河河口附近，保护 17 公顷的暗礁。礁石的东半部是玄武岩，由熔岩流形成，在流动的河流中可以露出来。西面是老砂岩，受到了海洋膨胀的影响。在暗礁的外缘是两艘船的残骸。暗礁情况变化造就了植物和动物多样性的存在，这里有毛头星、甲壳动物、岩石龙虾、束状屋和各类鱼。巨藻、砂岩拱门和海绵花园一起营造了一个迷人和复杂的水下世界。

6. 库克角海洋保护区（Point Cooke Marine Sanctuary）②

库克角海洋保护区位于菲利普湾港（Port Phillip Bay）东北角，距离墨尔本仅仅 30 分钟车程。公园保护 290 公顷的典型菲利普港西部海岸线，这使其成为维多利亚海洋国际公园和保护区系统之中最大的公园。公园在最大程度受到保护，并避免遭受像库克角海岸公园的沿岸沙丘和邻近湿地（Point Cook Coastal Park）以及奇塔姆湿地（Cheetham Wetlands）那样郊区被炒作的命运。在邻近海岸的地方，一排排玄武岩峭壁从泥泞的海底升起，而海面下涌动的暗流千百年来不停地冲刷着平原，昼夜未停。

这个公园既有狭窄的沙滩、岩石暗礁，也有泥沼地，还繁衍着多种多样的海洋和沿海生物。暗礁上大面积覆盖的厚实的褐藻，属于昆布属藻类。在叶片间寄宿着数不尽的小型海洋动物和植物。裂缝周围盛产多刺的

---

① 参见维多利亚州官方网站：Barwon Bluff Marine Sanctuary, http：//parkweb. vic. gov. au/explore/parks/ barwon – bluff – marine – sanctuary.

② 参见维多利亚州官方网站：Point Cooke Marine Sanctuary, http：//parkweb. vic. gov. au/explore/parks/point cooke – marine – sanctuary.

海胆类，而岩石裸露部分栖息了众多生物，包括大量管虫、满地海葵、簇拥的珊瑚草甸和丝状藻类。在更黑暗的角落，海绵大量繁殖着。小型鳐科鱼和鲨鱼在周围海草床徘徊，尽情享用着覆盖在沉积物上双壳贝类。这些海草床也是各种鱼类的栖息地。一群群宽吻鱼来到保护区，夏季，大群水母在暗礁上面跳动。

7. 颚骨海洋保护区（Jawbone Marine Sanctuary）①

颚骨海洋保护区以其独特的形状而命名，地处威廉姆斯镇（Williamstown），庇护着这片 30 公顷的沿岸水域。在威廉姆斯镇的海滩西侧有一个小海岬，被用围栏围了起来，用作沿岸步枪打靶场，到目前为止已有 80 多年之久。这一既迷人又未受破坏的地区紧邻墨尔本，现在已成为沿岸和海洋生物的天堂。这块小型区域生活着来自北菲利普港海湾的所有海洋生物。在海岬以西的菲利普港海湾内有一个盐泽地，还有大片的红树林。这里也碰巧是维多利亚地区玄武岩海岸唯一的一片红树林。在海岸邻近的地方，有优质的黏土质砂和一群群海草。东边有一整片岩石区。海滨高处有些地方只是偶尔会被汹涌的海浪、低潮下的岩石和暗礁激起的浪花溅湿。柔软的玄武岩岩石风化成一个个小型石床和水池，供所有潮汐生物繁衍生息。在黏土和岩石之间分布着一些小型的砂岩海滩。

8. 里基茨角海洋保护区（Ricketts Point Marine Sanctuary）②

里基茨角海洋保护区位于墨尔本东南部的波马利斯附近，占地面积115 公顷。这个遗址被突出的砂岩悬崖所包围，这些悬崖已被磨损成一系列平台，拥有海蚀洞和近海珊瑚礁，有许多栖息地可供探索，包括岩石砂岩潮间带和潮下带栖息地，沙滩和潮下软基质。

里基茨角的岩石池靠近岸边，是向孩子们介绍维多利亚水下海洋生物奇迹的理想场所。砂岩平台是一系列海洋生物的家园，非常适合摇滚乐探险。在夏季，海滩由救生俱乐部巡逻，使其成为夏季家庭郊游的绝佳选择。在这个地方的各种栖息地中，有许多植物和动物可以找到。在岸边，

---

① 参见维多利亚州官方网站：Jawbone Marine Sanctuary，http：//parkweb. vic. gov. au/explore/parks/jawbone – marine – sanctuary.

② 参见维多利亚州官方网站：Ricketts Point Marine Sanctuary，http：//parkweb. vic. gov. au/explore/parks/ rickets – point – marine – sanctuary.

岩石上覆盖着绿色和红色的藻类，可以庇护一系列无脊椎动物，包括脆弱的甲壳类动物。周围的沙质海底覆盖着一片海草，吸引了一系列鱼类。在更深的水域中，岩石的栖息地铺在绿色的 Caulerpa 或棕色的羊栖菜中，它们隐藏着许多小动物。这些岩石也吸引鱼类，包括南部 Hulafish，scalyfin 和 morwong。如果仔细观察，游客可能会发现一个伪装大师墨鱼。这些动物是靠改变颜色和皮肤纹理以掩盖自己的专家。

9. 蘑菇珊瑚礁海洋保护区（Mushroom Reef Marine Sanctuary）[①]

这个保护区占地面积 80 公顷，以蘑菇形礁石命名，保护莫宁顿半岛弗林德斯开阔海岸。该保护区由从岸边延伸的砂岩岩石平台组成，包括有遮蔽的岩石池，海湾和海洋边的浅礁。珊瑚礁是由古老的玄武岩形成的，它经过精美的风化，让生物隐藏在裂缝中或松散的岩石下。

该地区以其多样化的海洋生物而闻名，100 多年来吸引了无数科学家前来探索。潮间带软沉积物是许多鸟类的重要栖息地。在搜索岩石时，人们可以找到许多螃蟹，多彩的垫子海星，各种各样的蜗牛和精致的海葵。

海底（2—3 米）覆盖着树冠，形成褐藻和海草斑块，吸引了许多鱼类前来栖息。

10. 中心礁石海洋保护区（Beware Reef Marine Sanctuary）[②]

中心礁石海洋保护区位于东吉普斯兰的康拉角东南部。它由一个花岗岩露头组成，从约 28 米深的沙地出现，并在退潮时升至地面以上约 1 米处。珊瑚礁在水面以上 70 米长，并继续向东南方向延伸 1 千米。公园内还有三艘沉船。

中心礁石海洋保护区着重保护部分暴露的花岗岩礁，这是丰富的海洋生物的家园，是澳大利亚和新西兰海豹的拖运地点。区内 Bull Kelp 森林和沉船残骸可以作为优秀的潜水地点。

Beware Reef 温和清澈的海水孕育着丰富的海洋生物。珊瑚礁的浅部分被牛海藻和其他棕色藻类覆盖，其中散布着毛茸茸的绿色和红色藻类。暴露的尖端是澳大利亚海豹最喜欢的休息点，而公牛海带经常隐藏着毛利

---

① 参见维多利亚州官方网站：Mushroom Reef Marine Sanctuary，http：//parkweb. vic. gov. au/explore/parks/mushroom – reef – marine – sanctuary.

② 参见维多利亚州官方网站：Beware Reef Marine Sanctuary，http：//parkweb. vic. gov. au/explore/parks/beware – reef – marine – sanctuary.

八爪鱼。更深的礁石部分生存着海绵、海扇、海洋郁金香、海鞭和海葵。珊瑚礁上繁殖着包括小号手、濑鱼等在内的鱼类。区内也可能会见到 Wobbegong 和 Port Jackson 鲨鱼在沙质空洞中休息。

此外，还有著名的梅里海洋保护区（Merri Marine Sanctuary）、巴望头海洋保护区（Barwon Heads Marine Sanctuary）等。

二　新南威尔士州海洋公园与保护区①

海洋公园保护区是新南威尔士州海洋区域的一部分，旨在保护海洋生物多样性并支持海洋科学，娱乐和教育等活动，是综合型的海洋保护系统。

新南威尔士州的海洋公园保护区系统包括以下三部分。

第一，水生保护区：12 个水生保护区，占地约 2000 公顷。

第二，海岸公园：6 个多用途海洋公园，占新南威尔士海洋区域的三分之一（约 345000 公顷）

第三，国家公园和自然保护区：包括约 20000 公顷的河口和海洋栖息地。

（一）水生保护区

新南威尔士州的水生保护区是新南威尔士州海洋保护区系统的重要组成部分。在新南威尔士州的 12 个水生保护区中有许多已经存在了 30 多年。其中，第一个水生保护区建于 1980 年，位于悉尼北部海滩的 Long Reef。

新南威尔士州水生保护区列表②

水生保护区名称	建立时间（年）	所在区域
库克群岛（Cook Island）	1998	北海岸/堤维德岬（Tweed Heads）
巴伦乔伊角（Barrenjoey Head）	2002	悉尼北部/棕榈滩（Palm Beach）
纳拉宾角（Narrabeen Head）	2002	悉尼北部/纳拉宾（Narrabeen）

---

①　参见新南威尔士州官方网站：Marine Protected Areas, https：//www. dpi. nsw. gov. au/fishing/marine - protected - areas.

②　根据新南威尔士州官方网站资料整理而来。

续表

水生保护区名称	建立时间（年）	所在区域
长岩礁（Long Reef）	1980	悉尼北部/克罗伊（Collaroy）
白菜树湾（Cabbage Tree Bay）	2002	悉尼北部/曼利（Manly）
北港［North（Sydney）Harbour］	1982	悉尼北部/曼利（Manly）
勃朗特库吉（Bronte‒Coogee）	2002	悉尼东部
开普海岸（Cape Banks）	2002	悉尼东部/拉珀鲁斯（La Perouse）
船港（Boat Harbour）	2002	悉尼东部/克内尔（Kurnell）
托维拉（Towra Point）	1987	悉尼南部/博特尼湾（Botany Bay）
希普勒克（Shiprock）	1982	悉尼南部/哈金港（Port Hacking）
布施兰杰湾（Bushranger's Bay）	1982	蚬壳港/贝斯（Shellharbour/Bass Point）

在水生保护区管理上，新南威尔士州的水生保护区通知规定了每个水生保护区禁止的管理活动。它与其他立法一起运作，包括新南威尔士州的捕捞规则和规定，如捕鱼封口限制和尺寸限制。在保护区，可以享受各种海上活动，如划船、潜水、浮潜和在水上保护区游泳。水生保护区允许的捕捞活动种类取决于个体保护区的生物多样性价值。只要不收集诱饵，一些水生保护区是允许捕鱼的。但是在其他水生保护区内，全部或部分保护区禁止捕鱼，以帮助保护该地区所有类型的海洋生物。而且，水生保护区内也禁止采矿。根据澳大利亚2014年《海洋地产管理法》，1979年《环境规划和评估法》以及其他相关法案和政策，新南威尔士州对水生保护区内或附近的开发进行严格的法制化管理。水生保护区的科学研究和捕鱼比赛需要许可证方能进行。

在水生保护区的用途上，新南威尔士州水生保护区的主要目的是在海洋特定区域保护生物多样性或生物多样性的特定组成部分（如特定的生态系统、社区或物种）。在符合主要目的的情况下，水生保护区的次要目的是：以符合生态可持续发展原则的方式管理和使用水生保护区的资源；使水生保护区能够用于科学研究和教育；为公众欣赏和享受水生保护区提供机会；支持水生保护区的土著文化用途。一些保护区旨在保护特定方面的海洋生物多样性，如岩石海岸栖息地和物种，而其他保护区则旨在更广泛地保护海洋生态系统区域，如保护在博特尼湾（托维拉水生保护区）的岛屿湿地，岛屿边缘珊瑚礁（库克岛屿）或小型沿海海湾（白菜树湾和布施兰杰湾）及其相关的海洋生物。水生保护区旨在与其他海洋和沿海管理计划合作，以确保新南威尔士州沿海水域的海洋生物多样性得到保护，并支持生态可持续利用海洋环境。

在水生保护区的运营上，许多水生保护区位于市区附近，有些保护了其他修改过的河口的关键自然特征，许多水生保护区的探访水平很高。当地社区高度重视水生保护区。由水生保护区相邻的土地所有者进行储备管理，地方议会、当地社区和水路管理人员进行协调。这样可以更有效地管理对水生自然保护区的水陆威胁。除了当地社区，主要合作伙伴包括海地方议会、国家公园和野生动物服务、道路和海事服务，以及划船、保护、捕鱼和研究小组。

（1）库克群岛水生保护区（Cook Island Aquatic Reserve）①

库克群岛水生保护区距离 Fingal Head 海岸约 600 米，位于新南威尔士州北部 Tweed Heads 东南 4 千米处。水生保护区包括大约 80 公顷的新南威尔士州海洋庄园，从库克岛的平均高水位延伸到半径 500 米的库克岛调查标记区。

库克群岛水生保护区建立的目标有五个：保护鱼类和海洋植被的生物多样性、保护鱼类栖息地、保护受威胁物种并管理受保护物种、促进科学研究和促进教育活动。库克群岛水生保护区复杂的岩礁中有丰富的温带、亚热带和热带鱼类，以及各类甲壳类动物和软体动物。保护区内还出现了几种濒临灭绝或受到特殊保护的物种，包括巨大的昆士兰 groper 鱼，黑色岩石鳕鱼，金色岩石鳕鱼（以前称为河口鳕鱼）和灰色护士鲨。

库克岛以及朱利安岩石（Julian Rocks）和南部的孤独群岛（Solitary Islands）被认为是沿着海岸向南扩散的热带海洋物种的"垫脚石"。所有这些岛屿的岩礁系统都在海洋保护区里进行管理。库克岛本身也孕育着大量的筑巢海鸟。

水肺潜水是保护区的热门活动，游客还可以享受划船、浮潜和赏鲸等

---

① 参见新南威尔士州官方网站：Cook Island Aquatic Reserve，https：//www. dpi. nsw. gov. au/fishing/marine – protected – areas/aquatic – reserves/cook – island – aquatic – reserve.

其他海上活动。除了在保护区内允许捕捞（除了使用固定线）和收集的区域（该区域位于连接上面列出的坐标：WGS84 基准面并返回到开始点的线之外）之外，其他区域还受到新南威尔士州其他限制捕捞规则和条例的约束。

库克群岛周围热门潜水地点的公共停泊区已经取代了原本的锚定区，这是为了保护珊瑚和其他海洋无脊椎动物的需要，同时为船只提供安全的系泊。系泊设备的使用须符合以下条件：船舶不得超过系泊设备的最大容量；船长必须确保船舶尺寸和风力条件与系泊设备兼容；商业船只（包括旅行社）优先考虑红色系泊设施；如有要求，须立即腾出系泊设备；船只不能占用系泊超过 12 小时；船只在连接系泊设备时不得在动力下操纵；船舶在系泊时不得无人看管；任何时候只有一艘船可以占用系泊设备；必须使用画家线将船只固定在系泊线上；系泊使用风险自负，应始终适用适当的航海技术，等等。

（2）巴伦乔伊角水生保护区（Barrenjoey Head Aquatic Reserve）①

巴伦乔伊角水生保护区位于悉尼北部海滩的最北端，霍克斯伯里河与海洋的交汇处。包括巴伦乔伊角周围的岩石海岸在内，保护区占地约 30 公顷，从棕榈滩北端延伸到巴伦乔伊角周围，再到达 Station Beach 的北端，海拔 100 米。

巴伦乔伊角水生保护区的目的旨在保护鱼类和海洋植被的生物多样性，保护鱼类栖息地，并促进科学研究。它也是 1993—2002 年的潮间带保护区。

该保护区的重点是保护巴伦乔伊角边缘岩石海岸的海洋生物多样性，多岩石的海岸有各种各样的栖息地和相关的海洋生物，包括新南威尔士州岩石海岸中平台、缝隙、岩石池和巨石栖息地在内的五种栖息地中的四种。其他栖息地的镶嵌物也出现在保护区内和周围，包括潮下岩壁、巨石、海草床，珊瑚礁系统和沙质海床。岩石海岸动物、海藻、长刺海胆和有鳍鱼类（如 hulafish 鱼和濑鱼）也常见于保护区。

库灵盖狩猎地国家公园（Ku‐Ring‐Gai Chase National Park）的巴伦

① 参见新南威尔士州官方网站：Barrenjoey Head Aquatic Reserve，https：//www. dpi. nsw. gov. au/fishing/marine‐protected‐areas/aquatic‐reserves/barrenjoey‐head‐aquatic‐reserve.

乔伊角部分覆盖了保护区附近的沿海土地，使得这个沿海地区成为一个自然美丽的地方，在这里可以享受各种海上活动，如浮潜、潜水、钓鱼。不过，钓鱼和采集 blacklip 鲍鱼、岩龙虾（东部岩龙虾 Sagmariasus verreauxi 和南部岩龙虾 Jasus edwardsii）、海莴苣（Ulva lactuca）和诱饵杂草（Enteromorpha intestinalis）等要遵守新南威尔士州的限制捕捞规则和条例。在该保护区内，禁止收集除鲍鱼和岩龙虾外的孔杰沃伊（cunjevoi）或任何海洋无脊椎动物。例如，不能收集海葵、藤壶、蛤蜊、螃蟹、贻贝、章鱼、牡蛎、琵琶、海胆、海星、蜗牛和蠕虫，无论它们是死还是活。在保护区也不能收集它们的空壳，因为它们为生物提供了家园。除海莴苣和诱饵杂草外，海洋植被也不能收集。

（3）纳拉宾角水生保护区（Narrabeen Head Aquatic Reserve）①

悉尼北部海滩的纳拉宾角水生保护区占地约 10 公顷。它包括 Turimetta 海滩南端和 Narrabeen 海滩岩石浴场之间的岩石海岸，并延伸至海上100 米。

纳拉宾角水生保护区的目标旨在保护鱼类和海洋植被的生物多样性、保护鱼类栖息地、促进教育活动、促进科学研究。这个区域也是 1993—2002 年的潮间带保护区。

纳拉宾角水生保护区的建立主要是为了促进该地点多岩石海岸的教育活动。它补充了附近的长礁水生保护区，学校团体会经常前来参观。纳拉韦潟湖也在附近，为学生了解该地区的集水区保护提供教育机会。纳拉宾角的沿海环境中心设有咸水湖委员会，经常在当地开展环境教育活动。

在保护区，可以捕鱼，并收采集 blacklip 鲍鱼（Haliotis rubra rubra），岩龙虾（东部岩龙虾 Sagmariasus verreauxi 和南部岩龙虾 Jasus edwardsii），海莴苣（Ulva lactuca）和诱饵杂草（Enteromorpha intestinalis）。在该保护区内，禁止收集除鲍鱼和岩龙虾外的孔杰沃伊（cunjevoi）或任何海洋无脊椎动物。例如，不能收集海葵、藤壶、蛤蜊、螃蟹、贻贝、章鱼、牡

---

① 参见新南威尔士州官方网站：Barrenjoey Head Narrabeen Head Aquatic Reserve，https：//www. dpi. nsw. gov. au/fishing/marine - protected - areas/aquatic - reserves/barrenjoey - head - narrabeen - aquatic - reserve.

蛎、琵琶、海胆、海星、蜗牛和蠕虫,无论它们是死还是活。在保护区也不能收集它们的空壳,因为它们为生物提供了家园。除海莴苣和诱饵杂草外,海洋植被也不能收集。多岩石的海岸宽阔平坦,岩石池和裂缝为藻类、无脊椎动物和小型鱼类提供了各种栖息地环境。

(4)长岩礁水生保护区(Long Reef Aquatic Reserve)①

长岩礁水生保护区位于悉尼北部海滩,距离悉尼市以北约20千米。它占地面积约80公顷,沿着海岸线从克罗伊岩石浴池向南延伸到长礁冲浪救生俱乐部,离岸100米。

长岩礁水生保护区的目标旨在保护鱼类和海洋植被的生物多样性、保护鱼类栖息地、促进教育活动、促进科学研究。

长岩礁水生保护区是新南威尔士州最古老的水生保护区,以广阔的潮间带岩石海岸为中心,沿着著名的长礁岬角。多样的海洋生物与岩石海岸栖息地的范围和岬角周围不同程度的波浪暴露有关。

长礁岬角本身也是许多种类的迁徙栖息的重要场所。该保护区是教育活动和科学研究的重要场所,也是学校团体、大学生和海洋研究人员的热门光临场所。

根据新南威尔士州的其他渔业规则和规定,该保护区的有鳍鱼(有骨干的鱼)只能用手持钓鱼线或长矛钓鱼。不能从该保护区采集或收集无脊椎动物或海洋植物(无论是活着还是死亡)。这意味着不能收集贝类、鱿鱼或墨鱼,也从岸上收集任何海洋动物或植物,以及它们的空壳。死亡的植物或动物为生物提供栖息地和食物,也不能在水生保护区随意收集。

30多年来,长岩礁水生保护区一直被用于保护海洋无脊椎动物和植物。这里不允许翻滚或移动岩石,因为这会扰乱并可能杀死住在那里的海洋生物。

长岩礁拥有悉尼盆地最环保的岩石序列,位于岬角北侧的渔人海滩为海洋植物和动物提供了良好的栖息地。受岩石区域环绕保护、适合游泳、划船和浮潜。

---

① 参见新南威尔士州官方网站:Long Reef Aquatic Reservehttps://www. dpi. nsw. gov. au/fishing/marine – protected – areas/aquatic – reserves/long – reef – aquatic – reserve.

（5）白菜树湾水生保护区（Cabbage Tree Bay Aquatic Reserve）①

白菜树湾水生保护区位于曼利的悉尼北部海滩，占地约20公顷，包括从曼利海滩南端到雪莉海滩岬角北端整个海湾的岩石海岸和海滩。

白菜树湾水生保护区旨在保护鱼类和海洋植被的生物多样性、保护鱼类栖息地、促进教育活动、促进科学研究。1993—2002年，该地点的岩石海岸是一个潮间带保护区，雪莉滩头潮间带国际保护区毗邻该水生保护区。

白菜树湾水生保护区包括七种主要类型的栖息地：沙滩，岩石海岸，岩礁，海藻，海草床，沙质海床和开阔水域。保护区内记录了160多种鱼类。这些鱼类从常见的温带物种到东澳大利亚流（EAC）向南移动的热带物种。各种物种都可以在保护区生存，包括广泛存在的浮游物种（开阔水域），如昏暗的捕鲸鲨和很少离开保护区的久居物种。保护区内栖息着具有本地代表性的物种，如蓝色groper，乌贼和wobbegong鲨鱼，这里还有海螯虾，优雅濑鱼和黑色岩石等受保护物种。多岩石的海岸有各种各样的栖息地和相关的海洋生物，包括新南威尔士州岩石海岸（平台，缝隙，岩石池，巨石和鹅卵石栖息地）的五种栖息地中的每一种。保护区内大约有50种海洋无脊椎动物。

保护区及其周边地区是休闲活动的热门地区，可以进行散步、海滩游泳、游泳、浮潜、水肺潜水、水下摄影和划船等活动。这是一个"不可捕捞"的水生保护区，这意味着该保护区内不得以任何方式进行捕鱼或伤害海洋动物、植物或收集海洋生物，无论死亡还是活着的（包括空壳，因为它们为生物提供了家园）。位于雪莉海滩岬角停车场东南端有一个非常受欢迎的休闲钓鱼场，被称为Blueys，不在水生保护区的范围内，但位于雪莉海滩潮间带国际保护区内，可以在那里钓鱼，但是禁止采集海洋无脊椎动物。

（6）北港（悉尼）水生保护区［North（Sydney）Harbour Aquatic Reserve］②

北港（悉尼）水生保护区位于悉尼港北部的北头和多布罗伊德海德

---

① 参见新南威尔士州官方网站：Cabbage Tree Bay Aquatic Reserve https：//www. dpi. nsw. gov. au/fishing/marine－protected－areas/aquatic－reserves/ cabbage－tree－bay－aquatic－reserve.

② 参见新南威尔士州官方网站：North Harbour Aquatic Reserve https：//www. dpi. nsw. gov. au/fishing/marine－protected－areas/aquatic－reserves/north－harbour－aquatic－reserve.

之间，占地面积约 260 公顷。

北港（悉尼）水生保护区旨在保护鱼类和海洋植被的生物多样性、保护鱼类栖息地、促进教育活动、促进科学研究。从历史上看，保护区是 19 世纪 30 年代由检疫站主管部门进行的第一次海洋标本采集的地点。水生保护区内有各种栖息地，包括岩石海岸、沙滩、近岸珊瑚礁、沙质海底和深达 20 米的海港水域。

被遮蔽的小海湾包含海草栖息地和近岸珊瑚礁，也是支持许多物种使用的海藻栖息地，比如海马和海龙。岩礁和海藻床也是许多不同的无脊椎动物和鱼类的家园，深水中的巨石栖息地栖息着五颜六色的海绵和珊瑚。在夏季，热带鱼是常见的景象，由新西兰海流（EAC）沿着新南威尔士州海岸的大堡礁运载。保护区内有一个小企鹅的重要栖息地。

在水生保护区，人们可以享受许多海上活动，如浮潜、潜水、游泳、划船和钓鱼。根据新南威尔士州的其他渔业规则和规定，禁止使用渔叉捕鱼，也不能从该保护区采集或收集无脊椎动物、海洋植物（无论是活着的还是死的）。这意味着不仅不能收集贝类、鱿鱼或墨鱼，也不能从岸上收集任何海洋动物或植物（因为它们为生物提供了重要的家园）。

（7）勃朗特—库吉水生保护区（Bronte – Coogee Aquatic Reserve）[1]

勃朗特—库吉水生保护区位于悉尼东部海滩，从勃朗特海滩的南端延伸至库吉海滩的岩石浴场，海拔 100 米。它占地约 40 公顷，包括了 4000 米的海岸线。

该保护区旨在保护鱼类和海洋植被的生物多样性、保护鱼类栖息地、促进教育活动、促进科学研究。这里也是 1993—2002 年的潮间带保护区。

勃朗特—库吉水生保护区以悉尼东部郊区广阔的岩石海岸和近岸珊瑚礁为中心。两个小海湾——戈登湾和克洛韦利湾，是保护区的重要保护区域。戈登斯湾（Gordons Bay）有一道多岩石的墙壁，这里有各种各样的海洋生物。Clovelly 湾口处有岩石防波堤，营造出一种非常平静的环境。

蓝洞（Achoerodus viridis）在东部郊区社区是一个具有代表性的地方，在这个保护区，休闲潜水者和浮潜者可以与当地的 groper 人群一起游泳。

---

[1]　参见新南威尔士州官方网站：Bronte – Coogee Aquatic Reserve，https：//www. dpi. nsw. gov. au/fishing/marine – protected – areas/aquatic – reserves/ bronte – coogee – aquatic – reserve.

通过对部分保护区的捕鱼封闭管理，该地蓝色的 groper 得到了额外的保护。该保护区也是各种无脊椎动物的家园，包括生活在巨石下的不寻常的组合，如 chitons，starfish 和 flatworms。保护区内可以享受许多海上活动，如浮潜，潜水，游泳，划船和钓鱼。

戈登湾（Gordons Bay）一条 500 米长的水下自然小径可以将潜水者带到岩礁、沙滩和海藻森林。保护区允许进行某些类型的捕鱼和采集，但所有捕鱼和采集都受其他新南威尔士州休闲捕鱼规则和规定的约束。

除 Clovelly Bay，Gordons Bay 和周围水域外，可以钓鱼，可以采集 blacklip 鲍鱼（Haliotis rubra rubra）、岩龙虾（东部岩龙虾 Sagmariasus verreauxi 和南部岩龙虾 Jasus edwardsii），海莴苣（Ulva lactuca）和诱饵杂草（Enteromorpha intestinalis）。

在这个保护区内，禁止收集任何海洋无脊椎动物，除了 blacklip 鲍鱼，东部岩龙虾和南部岩龙虾。例如，不能收集海葵、藤壶、蛤蜊、螃蟹、贻贝、章鱼、牡蛎、琵琶、海胆、海星、蜗牛和蠕虫，无论它们是死还是活。它们的空壳也不能在保护区采集，因为它们为生物提供了家园。除海莴苣和诱饵杂草外，也不能采集其他海洋植被。

（8）开普海岸水生保护区（Cape Banks Aquatic Reserve）①

开普海岸水生保护区位于 Botany Bay 的北部岬角，沿着整个海滩从开普海岸的桥延伸至亨利岬角的奋进之光（Endeavour Light），距离平均低水位 100 米。它占地约 20 公顷。

该保护区旨在保护鱼类和海洋植被的生物多样性、保护鱼类栖息地、促进教育活动、促进科学研究。开普海岸出现了一系列岩石潮间带栖息地，包括平台、裂缝、岩石池、巨石和鹅卵石，从而产生了多种潮间带海洋植物和动物群落。保护区周围环绕着 Kamay Botany Bay 国家公园和新南威尔士州高尔夫球场，它们既为人们提供了人文休闲之地，也确保了保护区的自然性。开普海岸水生保护区成立于 1940 年，是一个海洋研究基地，是澳大利亚著名的世界公认的潮间无脊椎动物海洋研究场所之一。

在这里可以享受许多海上活动，如潜水和钓鱼。鱼类包括了 blacklip

---

① 参见新南威尔士州官方网站：Cape Banks Aquatic Reserve，https：//www. dpi. nsw. gov. au/fishing/marine - protected - areas/aquatic - reserves/cape - banks - aquatic - reserve.

鲍鱼（Haliotis rubra rubra），岩龙虾（东部岩龙虾 Sagmariasus verreauxi 和南部岩龙虾 Jasus edwardsii），海莴苣（Ulva lactuca）和诱饵杂草（Entero-morpha intestinalis），捕鱼活动受其他新南威尔士州的限制捕捞规则和条例。在该保护区内，禁止收集除鲍鱼和岩龙虾外的任何海洋无脊椎动物。

（9）船港水生保护区（Boat Harbour Aquatic Reserve）[①]

船港水生保护区包括 Kurnell 半岛的南部，整个 Merries 礁石并向东延伸至 Potter Point 的三个绿色 "Water Board" 通风口，向海边界距平均低水位线 100 米，占地约 70 公顷。

该保护区旨在保护鱼类和海洋植被的生物多样性、保护鱼类栖息地、促进教育活动、促进科学研究。船港是相对孤立的地方，保护区包括整个 Pimweli 岩石群和 Merries 礁石。它有着砂岩海岸和其他重要的海洋栖息地，包括散布着沙质海床区域的巨石和潮下珊瑚礁。多岩石的海岸为许多滨鸟提供了一个觅食地，包括濒危物种，如乌黑的蛎鹬和迁徙的蹚水者。

在水产保护区，可以享受各种海上活动，如钓鱼和浮潜，这里也是沿着潮间珊瑚礁的岩石池中观赏的好地方。可以采集的鱼类包括 blacklip 鲍鱼（Haliotis rubra rubra），岩龙虾（东部岩龙虾 Sagmariasus verreauxi 和南部岩龙虾 Jasus edwardsii），海莴苣（Ulva lactuca）和诱饵杂草（Entero-morpha intestinalis），受其他新南威尔士州的限制捕捞规则和条例，在该保护区内，统一禁止收集除鲍鱼和岩龙虾外的任何海洋无脊椎动物以及它们的空壳。

（10）托维拉水生保护区（Towra Point Aquatic Reserve）[②]

托维拉水生保护区是新南威尔士州最大的水生保护区，位于悉尼 Bot-any 湾的南岸。它从湾西侧的 Shell Point 延伸到东部的 Bonna Point。水生保护区占地约 1400 公顷，分为两个区域：一个避难区和一个庇护区。

该保护区旨在保护鱼类和海洋植被的生物多样性、保护鱼类栖息地、促进教育活动、促进科学研究。该保护区保护着悉尼地区最大、最多样化的湿地综合体之一。该保护区毗邻 Towra Point 自然保护区，是一个国际

[①]　参见新南威尔士州官方网站：Boat Harbour Aquatic Reserve，https：//www. dpi. nsw. gov. au/fishing/marine－protected－areas/aquatic－reserves/boat－harbour－aquatic－reserve.

[②]　参见新南威尔士州政府官方网站：Towra Point Aquatic Reserve，https：//www. dpi. nsw. gov. au/fishing/marine－protected－areas/aquatic－reserves/towra－point－aquatic－reserve.

盛名的重要湿地。它是鱼类和无脊椎动物的重要育苗区，是迁徙海鸟的重要栖息地，海洋生物多样性丰富。该保护区也是 Botany 湾剩余的重要海草、红树林和迁徙涉禽栖息地。它代表着悉尼沿海地区商业和休闲鱼类种群的主要苗圃栖息地之所在。

在水生保护区，可以享受许多海上活动，如浮潜、游泳、划船和钓鱼。可以观察海洋植物和动物，但禁止捕鱼和收集无脊椎动物和海洋植被，无论是活着还是死亡。在避难区内，可以通过钓鱼和钓线捕获鱼类和无脊椎动物，或合法使用休闲渔网，如箍网和升降网，但须遵守新南威尔士州的其他渔业规则和条例。禁止所有其他捕鱼和采集方法，以及干扰海洋植被，无论是活着还是死亡。

（11）希普勒克水生保护区（Shiprock Aquatic Reserve）①

希普勒克水生保护区位于 Burraneer Bay 的西部岬角，悉尼南部 Port Hacking 的 Little Turriel Point 附近，占地约 2 公顷。它的名字来源于装饰海岸的突出船状岩石。

该保护区旨在保护鱼类和海洋植被的生物多样性、保护鱼类栖息地、促进教育活动、促进科学研究。保护区拥有独特的海洋环境和丰富的海洋动植物群。强大的海流，清洁的海水和复杂的海底岩石区域相结合，为各种各样的海洋植物、无脊椎动物和鱼类所栖息提供了多样化的环境。在这个小区域内记录在册的鱼类有 130 多种，它们栖息在水下洞穴、裂缝和食物中，还有各种藻类和无脊椎动物，如蠕虫、蜗牛、甲壳类动物和彩色海绵。在夏季，热带物种在远离昆士兰州的东澳大利亚海流长途旅行后进入到保护区。

由于其惊人的海洋生物，该保护区是悉尼最受欢迎的水肺潜水地点之一。但这是一个"不可捕捞"的水生保护区，这意味着不得以任何方式捕鱼或伤害海洋动物、植物，也不能收集海洋生物以及它们的空壳。

（12）布施兰杰湾水生保护区（Bushranger's Bay Aquatic Reserve）②

布施兰杰湾水上保护区位于新南威尔士州南海岸 Shellharbour 以南约

---

① 参见新南威尔士州政府官方网站：Shiprock Aquatic Reserve，https：//www. dpi. nsw. gov. au/fishing/marine - protected - areas/aquatic - reserves/shiprock - aquatic - reserve.

② 参见新南威尔士州政府官方网站：Bushranger's Bay Aquatic Reserve，https：//www. dpi. nsw. gov. au/fishing/marine - protected - areas/aquatic - reserves/bushranger's - bay - aquatic - re- serve.

4 公里的 Bass Point 东端，是一块小岩石。保护区覆盖整个 Bushrangers 湾，面积约 4 公顷。

该保护区旨在保护鱼类和海洋植被的生物多样性、保护鱼类栖息地、促进教育活动、促进科学研究。

该保护区代表了新南威尔士州中南部沿海典型的岩石平台、裂缝和岩石池，保护区作为独特的栖息地和温带、热带地区之间的育苗区，意义非凡。水生保护区的多样化海洋生物包括常见的温带和季节性热带鱼，其中许多鱼类种类在保护区内相当丰富。海草床为各种鱼类提供栖息地，包括半鲈鱼（Hypoplectrodes maccullochi）、南部毛利濑鱼（Ophthalmolepis lineolatus）和参议员濑鱼（Pictilabrus laticlavius）。这些鱼有红色 morwong（Cheilodactylus fuscus）、条纹小号手（Latris lineata）、蓝色 groper（Achoerodus viridis）、马蹄形和侏儒皮革夹克（Meuschenia hippocrepis 和 Brachaluteres jacksonianus）和鲱鱼（Odax cyanomelas），在海草和保护区内也有各种其他栖息地之间的牧草。保护区也是几种热带鱼类的最南端分布区域。

保护区是一个绝佳的避风港潜水地点，可以潜水并观察保护区内的各种海洋动物和植物。但同样，这是一个"不可捕捞"的水生保护区，这意味着不得以任何方式捕鱼或伤害海洋动物、植物，也不能收集海洋生物以及它们的空壳。

（二）海洋公园①

在新南威尔士州，海洋公园有助于保护该州海洋区域内的海洋生物多样性，同时还提供潜水、划船、钓鱼和旅游等休闲娱乐活动。海洋公园提供了一个展示新南威尔士州独特的海洋生物和标志性自然特征的平台。海洋公园还为科学家、学生和教育工作者提供机会，以提高人们对海洋环境的认识。新南威尔士州的海洋公园包括各种栖息地，这些栖息地从海岸线的河口、海滩和岬角延伸到更远的海洋。

目前，新南威尔士州有 6 个海洋公园，分别是拜伦角海洋公园（Cape Byron Marine Park）、孤岛海洋公园（Solitary Islands Marine Park）、

---

①　参见新南威尔士州政府官方网站：https：//www. dpi. nsw. gov. au/fishing/marine - protected - areas/marine - parks.

斯蒂芬斯港大湖海洋公园（Port Stephens Great Lakes Marine Park）、豪勋爵岛海洋公园（Lord Howe Island Marine Park）、杰维斯湾海洋公园（Jervis Bay Marine Park）、巴特曼斯海洋公园（Batemans Marine Park），并根据 2014 年宣布的《海洋地产管理法》来管理海洋公园。6 个海洋公园均设有咨询委员会。这些委员会为当地社区提供发言权，为国家海洋遗产和当地海洋公园的管理做出了突出的贡献。他们与当地居民和利益相关者进行接触，为当地社区提供一个论坛，以提出问题并向政府提供有价值的反馈。

新南威尔士州正在计划对海洋公园进行一系列的管理改革，包括从孤岛海洋公园和巴特曼斯海洋公园开始的新海洋公园管理计划。

（1）拜伦角海洋公园（Cape Byron Marine Park）①

新南威尔士州北海岸的拜伦角海洋公园沿着海岸线延伸约 37 千米，从布伦瑞克河北部训练墙（training wall）到伦诺克斯海德。拜伦角海洋公园共有三部分组成，包括：新南威尔士州大约 220 平方公里的水域，从平均水位到海上三海里；Brunswick 河及其支流的潮水；Belongil Creek 和 Tallow Creek。该公园于 2002 年 11 月成立，其区域和管理规则于 2006 年 5 月开始。2018 年 6 月引入了对一些海滩和岬角捕鱼规则的修改。

拜伦角海洋公园有其独一无二的特色：海洋公园保护了许多亚热带海洋生境，支持高水平的生物多样性，包括一些受威胁和受保护的物种。它受到东澳大利亚海流（EAC）的强烈影响，因为这股海流来自北方的温暖水域以及来自南方的凉爽水域。

位于拜伦海角公园内的朱利安岩石（Julian rocks）拥有超过 1000 种海洋物种，包括 wobbegongs、rays、海龟、鱼类、裸鳃类动物，等等。它是濒临灭绝的灰色护士鲨（Carcharias taurus）在冬季的聚集地点。豹鲨也会在夏天到访朱利安岩石。

土著社区与海洋公园的资源并存。拜伦湾（Arakwal）的 Bundjalung 人与公园北部的陆地和海洋有很强的联系，而 Jali 人与南部地区有着相似的联系。

---

① 参见新南威尔士州政府官方网站：Cape Byron Marine Park，https：//www. dpi. nsw. gov. au/fishing/marine – protected – areas/marine – parks/ cape – byron – marine – park.

海洋公园为土著居民带来了许多具有文化意义的遗址。它毗邻 Arak-wal 国家公园,这是一个根据传统业主和新南威尔士州政府之间的土著土地使用协议宣布的保护区。

(2) 孤岛海洋公园 (Solitary Islands Marine Park)[①]

新南威尔士州北海岸的孤岛海洋公园沿着约 75 千米的海岸线从科夫斯港向北延伸至桑顿河。从平均高水位到海上三海里大约 710 平方千米。

该公园于 1998 年 1 月成立 (1991 后成为海洋保护区),其区域和管理规则于 2002 年 8 月开始。2018 年 6 月引入了对一些海滩和岬角捕鱼规则的修改。

孤岛海洋公园的独特性体现在两处。

首先,海洋公园包含了多样化的栖息地——河口、沙滩、潮间带多岩石的海岸、亚潮汐礁和开阔的海洋;重要岛屿 (海洋公园以其名字命名)。

其次,整个公园内可以观察到超过 550 种珊瑚鱼,90 种硬珊瑚和 600 种软体动物 (带壳动物)。North Solitary Island 拥有公园内最高的珊瑚礁鱼类多样性。位于岛屿北端的银莲花湾 (Anemone Bay) 也特别多样化,拥有世界范围内最密集的海葵和海葵鱼。South Solitary 以其大型中上层鱼类——海龟而闻名,并且还富含带壳动物,以及许多海洋蜗牛,它也是巨型墨鱼的最北部繁殖地。

该公园的北部河口是该州最原始的一些区域,主要是因为大多数邻近的土地位于 Yuraygir 国家公园。Gumbaynggirr Nation 和 Yaegl Nation 的当地土著社区与海洋公园有着密切的文化联系,并积极参与保护规划。

(3) 斯蒂芬斯港大湖海洋公园 (Port Stephens Great Lakes Marine Park)[②]

斯蒂芬斯港大湖海洋公园从福斯特南部附近的霍克角延伸至斯托克顿海滩北端的比鲁比海滩。海洋公园面积约 980 平方千米,由两部分组成,包括近海水域到新南威尔士州水域的三海里,以及所有斯蒂芬斯港、Ka-

---

① 参见新南威尔士州政府官方网站:Solitary Islands Marine Park,https://www. dpi. nsw. gov. au/fishing/marine – protected – areas/marine – parks/solitary – islands – marine – park.

② 参见新南威尔士州政府官方网站:Port Stephens Great Lakes Marine Park,https://www. dpi. nsw. gov. au/fishing/marine – protected – areas/marine – parks/port – stephens – great – lakes – marine – park.

ruah 河、Myall 河、Myall 和 Smiths 湖，以及他们的潮汐和支流。该公园于2005 年 12 月建立，其区域和管理规则于 2007 年开始实施。2018 年 6 月引入了一些海洋海滩和岬角捕鱼规则的修改。

斯蒂芬斯港大湖海洋公园的特殊性包括：海洋公园内拥有各种各样的栖息地，包括海滩、海草床、红树林、盐沼和开阔水域，这些栖息地都支持不同的植物和动物群在此生存。公园广泛而多样的河口和海岸线是该州最大的，它属于 brackish barrier 湖系统，是一个间歇性开放和封闭的湖泊。

公园中的布劳顿岛是该州第二大岛屿，为受威胁的灰色护士鲨和黑色岩石鳕鱼提供重要栖息地；白菜树岛（约翰古尔德自然保护区 John Gould Nature Reserve），是受威胁的海鸟 Gould 海燕的主要繁殖地。该公园提供优质的休闲垂钓和高效的商业渔场，是水产养殖等许多受欢迎的水肺潜水地点，以及鲸鱼和海豚观赏等具有重要意义的旅游活动点。其多样的海洋生物包括许多海豚、海龟、鱼类、无脊椎动物、海鸟和海藻物种，以及濒危物种，如 Gould 海燕、小燕鸥、灰色护士鲨、黑色岩石鳕鱼和绿海龟。

公园内和附近有一些重要的土著文化遗址、墓地和传统的露营地。原住民与该地区的海洋和土地的关系可以追溯到几千年前，当地人仍然以传统的方式收集食物。

该公园拥有 18 个海洋遗产地和 187 艘沉船。其中两个遗产地已经受到新南威尔士州遗产法案（斯蒂芬斯角灯塔和塔利圣经学院）的保护。根据1976 年《历史沉船法》，任何超过 75 年的船舶（从失船时起）都会自动成为海上沉船，该公园内新南威尔士州遗产委员会承认 25 艘沉船残骸。

（4）豪勋爵岛海洋公园（Lord Howe Island Marine Park）①

豪勋爵岛海洋公园距离新南威尔士州北部海岸约 600 千米，距离悉尼东北部 700 公里。位于豪勋爵岛世界遗产区内，占地面积约 460 平方千米，包括豪勋爵岛、金钟群岛、金字塔和东南岩；从平均高水位延伸到新南威尔士州水域的三海里。该公园成立于 1999 年 2 月，其区域和管理规则于 2004 年开始。该公园的审查于 2010 年完成。

豪勋爵岛是一个狭窄的火山地带，周围环绕着几个环境脆弱的小岛。

---

① 参见新南威尔士州政府官方网站：Lord Howe Island Marine Park，https：//www. dpi. nsw. gov. au/fishing/marine - protected - areas/marine - parks/ lord - howe - island - marine - park.

该岛是一座长期灭绝的盾状火山的残余，可追溯到数百万年前。广泛的栖息地包括屏障珊瑚礁和潟湖，以及由珊瑚或大型珊瑚群落主导的边缘珊瑚礁。豪勋爵岛和周围的水域于 1982 年被宣布为世界遗产（新南威尔士州的第一个）。

豪勋爵岛海洋公园具有重大的国际意义，拥有全球全世界最南端的珊瑚礁，并在新南威尔士拥有唯一一座裙状珊瑚礁潟湖。温暖水域和寒冷水域的交汇造成温带物种和热带物种的独特融合，使得公园内拥有 500 多种鱼类，90 多种珊瑚物种和无数其他海洋物种，可在海岸附近的清澈水域中看到大部分物种。

豪勋爵岛海洋公园是一个多功能海洋公园，适合享受诸多不同的娱乐和商业活动，游客可以在五彩缤纷的海洋生物之间游泳、潜水、潜泳或划皮划艇，也可在岸上或租船上享受垂钓之乐，抑或在原生态的沙滩上放松休息。公园可保护海洋生物多样性和具有生态和文化重要性的地区，并能提供具有可持续发展意义的娱乐和商业活动。来自全球各地的游客都可以到海洋公园参观游览，享受潜水、游泳、潜泳、垂钓和度假。

在 1788 年从悉尼湾航行到诺福克岛刑事定居点时，第一舰队的指挥官 Henry Lidgbird Ball 发现了豪勋爵岛。它成为在悉尼和诺福克岛之间旅行船只的落脚点，但直到 1834 年仍然无人居住。为了寻找食物和水，机组人员将一些特有鸟类驱赶灭绝，因为大多数鸟并不害怕人类并且容易被捕获。在 19 世纪 70 年代有人类开始在此定居后，岛民们开展了出口业务，将棕榈种子送到欧洲市场，作为室内植物种植。20 世纪初开始的旅游热潮在第二次世界大战后达到顶峰，当时水上飞机开始飞向该岛，迄今只能通过海路进入。1974 年，公园内简易机场开放。

在公园内有 12 艘沉船，可在豪勋爵岛博物馆看到相关的展览。豪勋爵岛群于 1982 年成为世界遗产，因为它是起源于海洋岛屿的火山的代表，是世界上最南部的真正珊瑚礁。

（5）杰维斯湾海洋公园（Jervis Bay Marine Park）①

新南威尔士州南海岸的杰维斯湾海洋公园占地约 215 平方公里，横跨

---

① 参见新南威尔士州政府官方网站：Jervis Bay Marine Park，https：//www. dpi. nsw. gov. au/fishing/marine－protected－areas/marine－parks/jervis－bay－marine－park.

100 多千米的海岸线和相邻的海洋、河流和河口水域。它从 Kinghorn Point 南部延伸到 Sussex Inlet。包括杰维斯湾的大部分水域，其余部分是 Bherw-erre 半岛上的 Booderee 国家公园的一部分。向海边界距离 St Georges Head、Cape St George、Point Perpendicular、Crocodile Head 和 Beecroft Head 近海 1.5 千米，包含 Currambene Creek、Moona Creek、Carama Inlet、Wowly Gully、Callala Creek 和 Currarong Creek 的潮水，以及沿岸的平均高水位线。

杰维斯湾海洋公园因独特的地质和海洋学，以及相对自然和未开发的海岸线而在视觉上令人惊叹，它也是一个集生态系统、栖息地、植物群和动物群于一体的混合体。杰维斯湾清澈的海水很大程度上归功于东澳大利亚海流的温水和巴斯海峡的凉水。随着来自附近大陆架的冷空气，营养丰富的水的周期性上涌，这些组合洋流在海湾周围顺时针流动，每 24 天左右就可以完全冲洗掉。

公园独特的地貌提供各种动植物栖息地，有深水悬崖、暴露和遮蔽的沙滩、岩石平台、岩礁、软沉积底部、海藻森林、小河口、广阔的海草草甸、红树林和开阔的海洋，因此，杰维斯湾被许多独特的海洋生物认作自己栖息的家园。这里有 230 多种藻类，数百种无脊椎动物和 210 多种珊瑚鱼类，许多海洋哺乳动物，鸟类和爬行动物，其中一些野生动物包括：草海龙、东方蓝魔鬼鱼、多种类的鲸鱼、宽吻海豚、小企鹅、海豹、和濒临灭绝的沙锥齿鲨，等等。

杰维斯湾在上千年来与澳大利亚的土著原住民拥有着紧密的联系，在这里可以发现许多有关当地土著对海洋文化探索的遗迹。如今，在波特里国家公园边界以南，仍然可以看到当年生动的土著文化样貌。

杰维斯湾的公园为游客提供广泛的娱乐项目和小范围的商业活动，包括观赏鲸鱼和海豚及潜水活动。在这里的运营商全部经过海湾保护协会的认可，致力于保护海洋生态与海洋生物。自从 1911 年以来，澳大利亚最初的海军大学建立后，澳大利亚皇家海军舰艇机构在杰维斯湾南部建立了澳大利亚海军基地。

当然，杰维斯湾的海滩更因为荣获了吉尼斯世界纪录之"全世界最洁白的沙滩"而世界闻名。杰维斯湾有着澄蓝的海水和细柔的沙滩，同时也是世上最安全、最美丽的地方之一。杰维斯湾的南端连接了波特里国家公园（Booderee National Park）的原始荒野。从公园南方的维克湾（Wreck Bay）村出发，有一条环绕半岛且通往圣乔治岬（St Georges Head）的步道，途中会经过许多僻静的海滩、峭壁与森林。海厄姆海滩（Hyams Beach）获得正式认证拥有全世界最净白的沙滩。杰维斯湾的众多海滩、潟湖以及隐世的峡湾和溪涧，是各式水上活动最理想的地点。

（6）巴特曼斯海洋公园（Batemans Marine Park）①

新南威尔士州南部海岸的巴特曼斯海洋公园从 Bawley Point 附近的 Murramarang 海滩最北端延伸到 Murunna Point 的 Wallaga 湖入口的南侧。占地面积约 850 平方千米，范围从新南威尔士州海域的三海里海域极限延伸到所有河流、河口、海湾、潟湖、入口以及咸水和咸水沿海湖泊（不包括 Nargal 湖）的平均高水位线，另外还有包括 Tollgate Islands 和 Montague Island 在内的近海岛屿。该公园于 2006 年 4 月成立，其区域和管理规则于 2007 年 6 月开始。2018 年 6 月引入了对一些海滩和岬角捕鱼规则的修改。

公园的一个突出特点是大片的岩礁，支持各种各样的鱼类，无脊椎动物和藻类生存其中。岩石海岸、近海岩礁、海藻床、海草、红树林、海绵花园、沙滩、河口和开阔水域是这些生物重要的栖息地。在公园内的蒙塔古岛自然保护区是超过 40000 只海鸟的繁殖地，也是澳大利亚的海豹捕捞地点，也是凤头燕鸥和银鸥的筑巢地点。澳大利亚唯一的原生企鹅也生存在此，共有 8000—12000 只小企鹅在此筑巢。

在蒙塔古岛附近还发现了大量 morwong，trevally 和 snapper，以及跟随温暖潮流的浮游物种，如金鱼，长鳍金枪鱼和黄鳍金枪鱼。该公园许多重要的沿海湖泊和潟湖，包括 Durras，Brunderee，Tarourga 和 Brou Lake，都是被保护的区域。这些较小的湖泊间歇性地靠近并通向大海，创造了该州南部沿海地区独特的环境。

三　北部地区海洋公园和保护区

北部地区共有公园和保护区 85 个，其中 63 个受领土公园和野生动物

---

①　参见新南威尔士州政府官方网站：Batemans Marine Park，https：//www. dpi. nsw. gov. au/fishing/marine‐protected‐areas/marine‐parks/ batemans‐marine‐park.

保护法保护,① 占地面积49329 平方千米, 其中海洋公园占地面积3160 平方千米。北领地的风光和澳大利亚东部沿海相比可谓天壤之别, 这里更加原始粗犷, 保留了澳大利亚最丰富的野生动植物生态, 走进其中, 随处都能感受到荒蛮的环境中散发着亿万年前的气息。下边介绍其中主要几个公园和保护区。

(一) 卡卡杜国家公园 (Kakadu National Park)②

卡卡杜国家公园是澳大利亚最大的国家公园, 位于澳大利亚北领地达尔文市以东 220 千米处, 以前是一个土著自治区, 1979 年被划为国家公园。其占地面积约两万多平方千米, 以郁郁苍苍的原始森林、各种珍奇的野生动物, 以及保存有两万多年前的山崖洞穴间的原始壁画而闻名于世。这里是一处为现代人保存的一份丰厚的文化遗产和旅游资源的游览区。有"土著的故乡, 动物的天堂"之说。

公园按地势分为五个区。海潮区: 植被主要由丛林及海蓬子科植物组成, 其中包括海岸沙滩上的半落叶潮湿热带林, 这里也是濒临绝迹的潮淹区鳄鱼出没之地; 水涝平原区: 多为低洼地, 雨季洪水泛滥形成沼泽带, 是栖鸟类的理想去处; 低地区: 多为起伏平原, 间有小山和石峰, 这里植物的形态不同, 有多为蓝桉的稀疏树林, 也有草原、牧场和灌木丛, 在与水涝平原交界处分布着沿海热带森林, 林内有多种动物; 陡坡和沉积岩孤峰区: 这里雨季时会形成蔚为壮观的瀑布, 并有多种动物栖息于此; 高原区: 由古老的沉积岩组成, 高度在250—300 米之间, 个别突兀的石峰, 高达 520 米。主要植物为灌木, 偶尔可见茂密的森林, 多为野生巴旦杏。本区内生活着多种稀有的或当地特有的鸟类。

卡卡杜国家公园内有着优美的自然风光和较完整的原始自然生态环境, 因此植物类型极其丰富, 超过 1600 种。这里是澳大利亚北部季风气候区植物多样性最高的地区。尤其特殊的是阿纳姆西部砂岩地带植物的多样性, 这里有许多地方性属种。最近的研究表明, 公园内大约有 58 种植物具有重要的保护价值。植被可以大致划分为 13 个门类, 其中 7 个以桉

---

① 参见北部地区政府官方网站: NT Parks and Reserves Estate, https: //dtc. nt. gov. au/ parks – and – wildlife – commission/parks – and – wildlife – statistics – and – research/nt – parks – and – reserves – estate.

② 《北领地卡卡杜国家公园》, ITrip, http: //guide. itrip. com/au/32369. html.

树的独特属种占优势。这里有澳大利亚特有的大叶樱、柠檬桉、南洋杉等树木，还有大片的棕榈林、松树林、橘红的蝴蝶花树，等等。

这里的动物丰富多样，是澳大利亚北部地区的典型代表。公园中有64种土生土长的哺乳动物，占澳大利亚已知的全部陆生哺乳动物的四分之一还多。澳大利亚三分之一的鸟类在这里聚居栖息，品种在280种以上，其中以各种水鸟和苍鹰为其代表性鸟类。每当傍晚飞鸟归巢时，丛林中和水塘边，一些为澳洲特有的野狗、针鼹、野牛、鳄鱼等便从巢穴出来觅食，在这里又出现一幅弱肉强食的自然进化图。因而保护这里的动物群无论对于澳大利亚还是对于世界都具有极为重要的意义。

悬崖是卡卡杜国家公园里别具特色的景观。悬崖上有许多岩洞，里面有在世界上享有盛名的岩石壁画，已经发现大约7000处。在阿纳姆高原地带这种洞穴最多。这些岩画是当地土著的祖先用蘸着猎物的鲜血或和着不同颜色的矿物质涂抹而成。壁画里的动物种类随着绘画的年代变化，这是海面上升之故。最早的壁画做于最后一次冰河时期。当时海面较低，卡卡杜荒原位于距海约300千米的地方，画中有袋鼠、鸸鹋以及一些现代已经绝迹的巨大动物。冰河时期约在6000多年前结束，海面上升，阿纳姆地悬崖下的平原变成了海洋和港湾，所以这一时期的壁画中主要是巴拉蒙达鱼和梭鱼等鱼类动物。许多画还把脊椎动物的内部构造都画了出来。壁画的内容反映了当地土著祖先们各个时期的生活内容、生产方式，以及某些野兽、飞禽的形象。其中一部分内容与原始图腾崇拜、宗教礼仪有关。在壁画中有一些不为现代人所理解的抽象图形。有的人体壁画很奇特，头常呈倒三角形，耳朵呈长方形，身躯及四肢特别细长，并且经常可以见到多头臂的人体图形。画中人物多处于一种舞蹈姿态，从他们或曲身、或跳跃的劲舞姿势中，可看出这是个热情开放、能歌善舞而又极富幻想的民族。壁画较完整地反映了土著文化各个历史时期的发展历程，为澳大利亚的考古学、艺术史学以及人类史学提供了珍贵的研究资料。

卡卡杜国家公园内的壁画抽象夸张，反映了澳大利亚土著对世界的独特认识。岩画以及其他考古遗址，表明了这个地区从史前的狩猎者和原始部落到仍居住在这里的土著居民的技能和生活方式。艺术遗址使这里闻名遐迩。通过发掘遗址人们还找到了澳大利亚最早生活的人类的证据，为澳大利亚的学者、研究人员等提供了珍贵的资料。

　　卡卡杜是澳大利亚土著卡卡杜族的故土,卡卡杜国家公园就是以这个部族而命名的。他们的祖先至少在4万年前就已从东南亚迁来。他们先是逐岛渡海而来,后来在冰河时期海面较低时从新几内亚沿陆路抵达这里。按照卡卡杜人的传说,卡卡杜荒原是他们的女祖先瓦拉莫仑甘地创造的。她从海中出来化为陆地,并赋予人以生命。随她而来的还有其他创造神,如金格——创造岩石的巨鳄。有些祖先神灵完成创造使命后就变成了风景,如金格变成一块露头岩石,形如鳄鱼的背脊。公园内的大部分地区属土著人所有,他们把土地租给国家公园与野生动物管理部门。

　　澳大利亚是植物的王国,森林覆盖率占全国面积的14%,大约有41万平方千米,其中三分之二是桉树林。桉树在澳大利亚随处可见,大约有500多种,是澳大利亚植物中最有特色的一种,也是澳大利亚的国树。澳洲是桉树的原产地和集中地。桉树广泛分布于澳洲大陆的森林、山区、草原和荒漠等各种植物群落中。这种树属常绿特有植物。桉树能充分利用水分,具有成长快、耐干旱的特点。桉树的树叶呈针叶状,叶片稀疏,排列方向垂直向下,叶面光滑,可减少水分的蒸发。桉树的树干挺拔,直立参天,一般长到40—50米处才分枝。在澳大利亚东南部维多利亚州的吉普斯兰有一棵巨大的杏仁桉,高达150多米,树干周长约15米,是世界上最高、最粗的桉树。

　　(二)尼特米卢克国家公园 (Nitmiluk National Park)①

　　尼特米卢克国家公园也称凯瑟琳峡谷 (Katherine Gorge),距离凯瑟琳30千米,由原住民贾沃因人和公园管理者共同治理,以原住民文化而闻名。占地2920平方千米,拥有13座深邃的峡谷,峡谷内长满了各种各样的珍奇植被,岩壁上还留存着无数土著人留下的珍贵岩画,构成一幅绝美的风景画。

四　昆士兰州海洋公园和保护区

　　澳大利亚昆士兰州目前有三个州立海洋公园:大堡礁海岸海洋公园 (Great Barrier Reef Coast Marine Park)、大沙海洋公园 (Great Sandy Marine

---

　　①　《北领地十大最美国家公园》,http://www.sohu.com/a/212136934_383710.

Park）、莫顿湾海洋公园（Moreton Bay Marine Park）①。三个州立海洋公园都有一个分区计划，列出了海洋公园的功能区域和其他特殊管理要求。

昆士兰州的海岸线长达 13500 多千米，是世界上最引人注目的生态系统和海洋生物的家园，包括大型鲸鲨、座头鲸，几种濒临灭绝的海龟，顽皮的海狮，枝繁叶茂的海螯虾，小企鹅和澳大利亚最大的边缘礁。

（一）大堡礁海岸海洋公园（Great Barrier Reef Coast Marine Park）②

大堡礁海岸海洋公园涵盖了澳大利亚大堡礁（the Great Barrier Reef）98.5％的范围，是基于保护大堡礁的生态环境而设立的。大堡礁海岸海洋公园成立于 1975 年，于 1981 年被列于世界遗产名录中。公园面积接近3500 万公顷，包括约 3000 个珊瑚礁、600 个大陆岛屿、300 个珊瑚礁和约 150 个近岸红树林岛屿，从澳大利亚东北部的昆士兰州北端向南延伸至班达伯格以北，宽度在 60—250 千米之间，在近岸水域平均深度为 35 米，而在外礁上，大陆坡向下延伸至 2000 米以上的深度。这一闻名遐迩的大堡礁是各种绮丽多姿的海洋生物的栖息地，令人叹为观止的海洋生物包括600 种软珊瑚和硬珊瑚、100 多种海蜇、3000 种软体动物、500 种蠕虫、1625 种鱼类、133 种鲨鱼和鱼类以及超过 30 种鲸鱼和海豚。③ 大堡礁也是座头鲸的繁殖处，礁中还有一些濒危生物，如儒艮、青龟。

1975 年澳大利亚政府颁布的大堡礁海岸海洋公园法，提出了建立、控制、保护和发展海洋公园，海洋公园的建立不仅对保护当地文化起到重要作用，而且与当地土著居民的生活息息相关。1981 年整个区域被划定在世界遗产名录中。

大堡礁是世界上最大的珊瑚礁群，纵向断续绵延于澳大利亚东北岸外的大陆架上，与海岸隔着一条 13—240 千米宽的水道，大堡礁（The Great Barrier Reef）绵延 2300 千米，北起热带北昆士兰（Tropical North Queensland），南至班达伯格（Bundaberg）。

---

① 参见昆士兰州政府官方网站：About marine parks，https：//www. qld. gov. au/environment/coasts - waterways/marine - parks/about#.

② 参见昆士兰州政府官方网站：Great Barrier Reef Coast Marine Park，https：//www. qld. gov. au/environment/coasts - waterways/marine - parks/gbrc.

③ 参见昆士兰州政府官方网站：Reef Facts http：//www. gbrmpa. gov. au/about - the - reef/reef - facts.

大堡礁形成于中新世时期，距今已有 2500 万年的历史。目前它的面积还在不断扩大。它是上次冰河时期后，海面上升到现在位置之后 1 万年来形成的。

大堡礁堪称地球上最美的"装饰品"，像一颗闪着天蓝、靛蓝、蔚蓝和纯白色光芒的明珠，即使在月球上远望也清晰可见。但是，当初首次目睹大堡礁的欧洲人未以丰富的词汇来描述它的美丽颇令人费解，这些欧洲人大部分是海员，可能他们脑子里想的是其他事情而忽略了大自然的美景。1606 年，西班牙人托雷斯在昆士兰北端受到暴风雨袭击，驶过托雷斯海峡（此海峡以他的姓氏命名）到过这里。1770 年，英国船"努力"号在礁石和大陆之间搁浅，撞了个大洞，船长库克曾滞留于此。1789 年布莱船长率领"邦提"号上追随他的船员驶过激流翻滚的礁石来到了平静的水面。"努力"号船上的植物学家班克斯看到大堡礁时惊讶不已。船修好后，他写道："我们刚刚经过的这片礁石在欧洲和世界其他地方都是从未见过的，但在这儿见到了，这是一堵珊瑚墙，矗立在这深不可测的海洋里。"班克斯看到的大堡礁的"珊瑚墙"，是地球上最大的活珊瑚体。这在世界上是独一无二的。

大堡礁是世界上最有活力和最完整的生态系统。但其平衡也最脆弱。如在某方面受到威胁，对整个系统将是一种灾难。大堡礁禁得住大风大浪的袭击，当 21 世纪来临之际，最大的危险却来自现代的人类，土著在此渔猎已数个世纪，但是没有对大堡礁造成破坏。20 世纪以来，由于开采鸟粪，大量捕鱼捕鲸进行大规模的海参贸易和捕捞珠母等，已经使大堡礁伤痕累累。

（二）大沙海洋公园（Great Sandy Marine Park）①

大沙海洋公园从北部的 Baffle Creek 延伸至南部的 Double Island Point，包括了赫维湾、大沙海峡、锡罐湾入口和弗雷泽岛东海岸的海域，向海至三海里。公园内动植物种类丰富，海草草甸、红树林、岩石海岸、珊瑚礁、沙滩、海湾、庇护渠道、河流、小溪和河口拥有丰富的野生动物，包括鲸鱼、乌龟、儒艮、灰鲨、鱼类、珊瑚、鸟类，等等。

---

① 参见南澳大利亚州政府官方网站：Great Sandy Marine Park，https：//www. environment. sa. gov. au/marineparks/ great‐sandy‐marine‐park.

（三）莫顿湾海洋公园（Moreton Bay Marine Park）①

莫顿湾海洋公园从卡伦德拉（Caloundra）到南斯特德布鲁克岛（South Stradbroke Island）的南端，沿着摩顿岛（Moreton Island）和南北斯特拉德布鲁克岛（Stradbroke islands）向海延伸三海里。

在布里斯班，广阔的莫顿湾、近海珊瑚礁、众多岛屿、国际重要的湿地、海草草地和沙滩使这个公园成为野生动物和人类的天堂。

五　南澳大利亚州海洋公园和保护区

在南澳大利亚州，7 个区域共有 21 个海洋公园②，海洋公园面积广阔。

南澳海洋公园列表③

所在区域	海洋公园名称
远西海岸 （Far West Coast）	远西海岸海洋公园（Far West Coast Marine Park）
	努伊茨群岛海洋公园（Nuyts Archipelago Marine Park）
艾尔半岛 （Eyre Peninsula）	西海岸海湾海洋公园（West Coast Bays Marine Park）
	研究者海洋公园（Investigator Marine Park）
	多刺通道海洋公园（Thorny Passage Marine Park）
	约瑟夫班克斯群岛海洋公园（Sir Joseph Banks Group Marine Park）
	海王星群岛海洋公园（Neptune Islands Group Marine Park）
	甘比尔群岛海洋公园（Gambier Islands Group Marine Park）
约克半岛 （Yorke Peninsula）	东斯潘塞海湾海洋公园（Eastern Spencer Gulf Marine Park）
	南斯潘塞海湾海洋公园（Southern Spencer Gulf Marine Park）
	下约克半岛海洋公园（Lower Yorke Peninsula Marine Park）
	上海湾圣文森特海洋公园（Upper Gulf St Vincent Marine Park）

---

① 参见南澳大利亚州政府官方网站：Moreton Bay https：//www. npsr. qld. gov. au/parks/moreton – bay.

② 参见南澳大利亚州政府官方网站：Enjoy in our marineparks，https：//www. environment. sa. gov. au/marineparks/home.

③ 根据南澳大利亚州政府官方网站资料整理而来。

所在区域	海洋公园名称
上斯潘塞湾 （Upper Spencer Gulf）	富兰克林港海洋公园（Franklin Harbor Marine Park）
	上斯潘塞湾海洋公园（Upper Spencer Gulf Marine Park）
菲尔半岛 （Fleurieu Peninsula）	邂逅海洋公园（Encounter Marine Park）
袋鼠岛 （Kangaroo Island）	邂逅海洋公园（Encounter Marine Park）
	西袋鼠岛海洋公园（Western Kangaroo Island Marine Park）
	南袋鼠岛海洋公园（Southern Kangaroo Island Marine Park）
	南斯潘塞海湾海洋公园（Southern Spencer Gulf Marine Park）
南东（South East）	上南东海洋公园（Upper South East Marine Park）
	下南东海洋公园（Lower South East Marine Park）

（一）远西海岸（Far West Coast）①

远西海岸已成为全球南部露脊鲸（the southern right whale）恢复不可或缺的一部分，这个物种几乎被捕鲸业消灭。这些美丽的动物在该地区找到了一个安全的避风港，每年都会返回来繁殖、生育和抚养幼崽。在努伊茨群岛（Nuyts Archipelago）周围，南澳大利亚的水域异常温暖，支持热带海洋生物生存，如篮子明星（basket star）和微小的海洋之星"Little Patty"，这种生物在世界其他任何地方都找不到。

远西海岸是南澳海岸线的标志性图像之一，显示南澳大利亚在被风吹过时崎岖岩石悬崖的最佳状态。观鲸是该地区的旅游热点之一，整个努伊茨群岛的海豹和海狮栖息地也是如此。钓鱼在远西海岸一直很受欢迎，渔民仍然可以捕捉鲍鱼、岩龙虾、鳞鱼，甚至是庇护区外的鲨鱼。整个公园都允许潜水，该地区是潜水员的梦想地，在努伊茨群岛未受破坏的荒野周围海域有丰富的珊瑚鱼、珊瑚和无脊椎动物。

远西海岸的重要物种有澳大利亚海狮、白腹海雕、海蛞蝓等。澳大利

---

① 参见南澳大利亚州政府官方网站：Far West Coast，https：//www. environment. sa. gov. au/marineparks/find－a－park/far－west－coast.

亚海狮通常在岛上繁殖，但在本达悬崖（Bunda Cliffs）的基部有一个罕见的大陆繁殖群。这些聪明的哺乳动物是水中的捕猎达人，也喜欢在岩石上晒太阳。海雕是沿着海岸筑巢和喂食的大型猛禽。美丽的灰白色鸟类终生交配，可以看到它们向下俯冲，从海面捕获鱼类。在努伊茨群岛周围发现了几种无脊椎动物，也被称为海蛞蝓，它们鲜艳的色彩和疲惫的动作使他们成为潜水爱好者的最爱。

远西海岸地区的公园有远西海岸海洋公园和努伊茨群岛海洋公园。

远西海岸海洋公园的水域位于西澳大利亚边境和 Tchalingaby Sandhills 之间，为每年 5—10 月期间返回的鲸鱼提供安全的避风港，以使它们繁殖、生育和养育幼崽。该公园还包括对 Mirning、Wirangu 和 Yalata 土著居民具有重要文化意义的区域。公园里的国王乔治鳕鱼、南方长鳍鱼、南部鱿鱼和蓝色游泳螃蟹都是最受欢迎的捕捞鱼类，但该地区有鲸鱼捕捞时间和捕捞量的限制。该公园还拥有丰富的独特海洋生物，从澳大利亚海狮到热带的篮星、海参和鱼类等等。

努伊茨群岛海洋公园包括纽茨礁建筑群、福勒斯湾（Fowlers Bay）、努伊茨群岛以及相邻的沿海海湾，是大片海草草地的所在地。在温暖的海水下，可以看到珊瑚礁鱼和五彩缤纷的珊瑚礁。在水面之上，人们可以享受在开阔的海域投下钓鱼线，或观看南部的右鲸、澳大利亚海狮和长鼻毛皮海豹。该公园也是努伊茨群岛荒野保护区的所在地，是稀有和濒临灭绝的野生动物的避风港。

（二）艾尔半岛（Eyre Peninsula）①

艾尔半岛的海洋公园包括一些荒凉的离岸岛屿、美丽的海湾湾区和以牡蛎而闻名的科芬湾。这些公园覆盖了各种各样的沿海栖息地，从海草草甸和海绵花园到沙质海底，包括壮观的珊瑚礁和全国重要的湿地。特别是海王星群岛是大白鲨的重要聚集地，大白鲨是所有海洋捕食者中最具标志性和最受尊敬的群体之一。来自世界各地的游客可以体验到潜水的快感，与蓝鳍金枪鱼一起游泳，参加探险捕鱼包船，当然还有该地区壮丽的海鲜盛宴。

---

① 参见南澳大利亚州政府官方网站：Eyre Peninsula, https：//www. environment. sa. gov. au/marineparks/find－a－park/eyre－peninsula.

艾尔半岛以其美妙的捕鱼体验而闻名，在庇护区以外捕鱼将继续成为西海岸生活的重要组成部分。冲浪钓鱼 Locks Well 海滩特别受欢迎，多达13 种鲸鱼可以到达艾尔半岛的顶端，使得多刺通道海洋公园（Thorny Passage Marine Park）成为观赏鲸鱼的理想场所。贝尔德和维纳斯湾是鱼类的苗圃区，如乔治王白鳕、鲷鱼、鲑鱼、长嘴鱼和扁平鱼。许多鲨鱼在该地区繁殖或饲养，包括青铜和黑色捕鲸、大白鲨，而湿地则是一系列海岸和海鸟的栖息地。

艾尔半岛区域的重要物种有西部蓝鱼（Western blue groper）、海豚、杂草海龙。西部蓝鱼位于西海岸的珊瑚礁区域，它可以长到 1.7 米，重达40 千克，并将在同一个小区域生活多年。宽吻海豚和普通海豚在痛苦经历海洋公园繁殖和产犊。它们是一种智能的海洋哺乳动物，经常接近各种规模的船只。杂草丛生的海龙由长长的身体和枝繁叶茂的附属物组成，与海马和管鱼同属。它们通常存于海草草地和珊瑚礁上。

艾尔半岛同时还是世界上最具有生物多样性的海域之一，包括著名的叶海龙（Leafy Seadragon），迄今为止发现的 80% 左右的海洋物种仅在当地海域才有，淳朴而独特的海洋环境把菲尔半岛催生成了潜水者的天堂。最为著名的菲尔半岛潜水地点诞生于 2002 年，位于菲尔礁（Fleurieu Reef）处。前澳大利亚皇家海军舰艇霍巴特号（ex – HMAS Hobart）沉于此处，它是澳大利亚最有名的海军驱逐舰之一。如今，它沉没的海域成为了南澳第一个生态旅游潜水地点，这也是无数海洋动植物的家园和得到认证的海洋保护区。更特别的是，和其他南澳海域沉船不同的是，前澳大利亚皇家海军舰艇霍巴特号大部分船舶，潜水者可以轻松地潜入，包括机房和枪炮塔。

艾尔半岛地区的公园包括西海岸海湾海洋公园、研究者海洋公园、多刺通道海洋公园、约瑟夫班克斯群岛海洋公园、海王星群岛海洋公园和甘比尔群岛海洋公园。

西海岸海湾海洋公园位于南澳大利亚崎岖的西部独特的海湾链地区的中心地带，拥有各种植物和动物，包括几个重要的鱼类苗圃和独特的热带海洋之星"Little Patty"。在壮观的冲浪海滩、悬崖、岩石岬角和大型浅水河口的背景下，可以与公园的野生海洋哺乳动物一起游泳，包括与公海中的海豚一起游泳。这里还有很棒的捕鱼机会，公园为乔治王白鳕、比目鱼、鲷鱼、南海鲤鱼和扁平头等鱼类提供理想的栖息地。鸟类爱好者可以来到该地区观看当地的和迁徙的海岸鸟类和海鸟，这些鸟类具有一定的国际意义，该公园还拥有白腹海雕和鱼鹰的繁殖和饲养场所。

研究者海洋公园为艾尔半岛地区提供了丰富的海洋生态系统，包括珊瑚鱼、软珊瑚和海绵等稀有的生态景观。来自西部的温暖水域汇集了公园东部的凉爽水域，为居住在这里的西部蓝色魔鬼和丑角鱼等各种珊瑚鱼营造了理想的环境。公园有雷鸣般的冲浪海滩，沙质平原和悬崖深受当地人和游客的欢迎，他们来钓鱼，游泳，冲浪和欣赏美丽的海岸线。以洞穴和巨石为特色的珊瑚礁为潜水者提供了丰富的体验。该公园还有许多澳大利亚海狮和长鼻海豹的繁殖地，并且常常有大白鲨来到这里进食。

海洋公园以鲸鱼观赏地而闻名，拥有多达 13 种鲸鱼聚集在该地区。该公园包括艾尔半岛下游的水域，其多样的深水栖息地包括坚硬底部的各种海绵和无脊椎动物群落，以及独特的水下沙丘，最长可达 5 米。哥芬湾（Coffin Bay）是一个重要的湿地，也是宽吻海豚和普通海豚的重要繁殖和产犊地。如果你喜欢潜水，那么不寻常的深天鹅绒鱼和西部蓝色斑纹鱼等珊瑚鱼的美丽就不会令人失望。

约瑟夫班克斯群岛海洋公园拥有 70 多种鱼类，是休闲和商业渔民的热门钓鱼场所。该公园位于斯潘塞湾（Spencer Gulf）沿岸，毗邻 Tumby 湾。公园惊人的生物多样性包括海草草甸、盐沼社区、罕见的爆米花珊瑚、海绵和无脊椎动物珊瑚礁。其低洼的岩石岛屿，浅礁和庇护沙滩为垂钓者提供了大量机会，可以捕捉到乔治国王鳕鱼、鲷鱼虾和岩龙虾。从世界上最大的危险珊瑚礁中的澳大利亚海狮繁殖地之一到独特的天鹅绒章鱼，这都是仅在南部少数地方才能发现的。

海王星群岛海洋公园以澳大利亚电影制片人、海洋保护先驱和著名的鲨鱼专家 Ron 和 Valerie Taylor 命名，是国际上重要的大白鲨场所。也是澳大利亚唯一一个在独特的笼式潜水体验中可以靠近这个受保护物种的地方。该公园以一个偏远的近海岛屿群为中心，从深水中急剧上升，暴露在强风和海浪中，包括遮蔽的海草、沙质海底和深水栖息地，以及从珊瑚鱼到各种海洋生物的各种海洋生物。该公园也是许多当地候鸟、澳大利亚海狮和长鼻毛皮的繁殖和饲养场所的所在地。

甘比尔群岛海洋公园位于多刺通道海洋公园以南的近海岛屿群中，其岩石海岸和珊瑚礁是蓝色鱼类、牛眼、河豚和众多无脊椎动物的家园。在这里还可以找到绿叶海龙、猫鲨和大型蓝色长鳍，长度可达 1.7 米，重达 40 千克。还有色彩绚丽的海绵和洞穴壁上的软珊瑚。

（三）约克半岛（Yorke Peninsula）[①]

约克半岛的海洋公园保护着南澳大利亚一些最重要的海洋栖息地，包括红树林、鱼类繁殖场和重要的鸟类繁殖、饲养场所。约克半岛拥有美丽的海滩和海底珍宝，公园是壮观的自然美景。约克半岛也是南澳大利亚的主要旅游目的地之一。凭借其优质海鲜、阳光、冲浪的声誉，约克半岛多年来一直是冲浪者和度假者的心头所爱，而伊迪斯堡码头一直是渔民和潜水员的活动场所。

约克半岛地区的重要物种有洄游水鸟、乔治国王鳕鱼、红树林等。在特劳布里奇岛上记录了 40 多种迁徙水鸟。脆弱的沙岛是物种的重要觅食地，包括黑面鸬鹚、小企鹅和凤头燕鸥。南澳大利亚最受欢迎的乔治国王鳕鱼在该地区产卵。红树林是约克半岛地区大部分海鲜生活的基石，它们为幼鱼和鸟类提供庇护，有助于稳定整个海洋环境。

独特的栖息地组合使东斯潘塞海湾海洋公园成为各种海洋和沿海物种的理想家园，该公园位于斯潘塞湾的东侧，就在里卡比港以北，一直延伸到伊丽莎白角，包括鹅岛保护公园和鹅岛水生保护区的岛屿和水域。从陡峭的悬崖到沙滩，有很多机会可以享受在这里生活和参观海洋生物，包括在公园里休息和观看喂养的各种当地和迁徙的滨鸟。沃当岛周围有丰富的珊瑚鱼种类，而海草草甸则是受保护的尖嘴鱼和其他物种的重要栖息地，岛周围沉船的历史遗迹可提供良好的潜水体验。

南斯潘塞海湾海洋公园是一个极好的聚会场所，从哈德威克湾的避风海湾水域到蜿蜒的海岸线，沿着约克半岛向马里恩湾延伸。该公园位于调查海峡（Investigator Strait）的深水区和袋鼠岛崎岖的北海岸。公园内冷水和温水的混合产生了动态的生态系统，有助于丰富的海洋生物生存于此，公园内有许多已知的生物在此产卵、育苗和觅食，特别是乔治王白鳕。澳大利亚海狮或长鼻子海豹经常在公园内的 Althorpe 群岛保护公园晒

---

① 参见南澳大利亚州政府官方网站：Yorke Peninsula, https：//www. environment. sa. gov. au/marineparks/find－a－park/yorke－peninsula.

太阳。

下约克半岛海洋公园①公园位于约克半岛的脚跟处，从达文波特保护公园到斯坦斯伯里（Stansbury），包括特鲁布里奇岛和周围的浅滩。该地区仅有两个淡水河，是半岛上的海与河口相交之处。盐溪和湿地、达文波特为许多重要的鱼类提供育苗区，包括乔治王白鳕和黄眼鱼。这里的伊迪丝堡船舷梯和特鲁布里奇（Troubridge）渔场，在当地人和游客中非常受欢迎。特劳布里奇岛还拥有 40 多种水鸟，包括白腹海鹰和鱼鹰等在内，都沿着悬崖筑巢。

上海湾圣文森特海洋公园拥有国家重要的湿地，包括轻河三角洲（Light River Delta），公园被认为是南澳大利亚生态最完整的红树林和盐沼系统之一。②该公园位于 Parara Point 以北，Port Gawler 海滩的北端，拥有南澳主要的鱼类养殖场和产卵场，确保数千只幼鱼和其他动物存活下来。在这些水域中经常捕获蓝蟹、鲷鱼和黄鳍金枪鱼。

（四）上斯潘塞湾（Upper Spencer Gulf）③

上斯潘塞湾海岸公园保护着南澳大利亚一些最重要的鱼类苗圃，包括重要的红树林、海草草甸以及白桦、鱿鱼和鲷鱼聚集产卵的地区。海豚也聚集在这里喂养和繁殖。上斯潘塞海湾公园拥有崎岖的海岸线、庇护海湾和重要的湿地。该地区是来自南澳大利亚州和州际公路沿线休闲渔民的最爱，有成千上万的人前往捕捉乔治王白鳕、长嘴鱼、螃蟹和鲷鱼。海湾的避风水域使该地区受到水手和其他小型船舶运营商的欢迎。从岸边和船上钓鱼将继续成为一种流行的消遣方式。

上斯潘塞湾区域的重要物种有巨型澳大利亚乌贼、蓝色游泳螃蟹、杂草海龙等。巨大的澳大利亚墨鱼是上斯潘塞湾的标志性物种，每年度墨鱼的聚集会通过改变游泳时的颜色来展现壮观的视觉效果。蓝色游泳螃蟹是许多南澳大利亚渔民的季节性喜爱，在该地区拥有重要的繁殖地。

---

① 参见南澳大利亚州政府官方网站：Lower Yorke Peninsula, https：//www. environment. sa. gov. au/marineparks/find – a – park/yorke – peninsula/lower – yorke – peninsula.

② 参见南澳大利亚州政府官方网站：Upper Spencer Gulf, https：//www. environment. sa. gov. au/marineparks/find – a – park/yorke – peninsula/upper – gulf – st – vincent.

③ 参见南澳大利亚州政府官方网站：Upper Spencer Gulf, https：//www. environment. sa. gov. au/marineparks/find – a – park/upper – spencer – gulf.

上斯潘塞湾区域的公园包括富兰克林港海洋公园和上斯潘塞湾海洋公园两个。

富兰克林港海洋公园被列为具有国家重要性的湿地。[①] 该公园位于斯潘塞海湾的中西部，在长臂猿点和穆尼亚罗保护公园之间，处于几个不同环境的交汇处，由上斯潘塞湾更温和的水域形成。该公园拥有南澳大利亚最重要的乔治王白鳕苗圃，以及对虾、沙丁鱼、鳞鱼和蓝色游泳蟹。从各种海龙，稀有类型的海草，到石珊瑚可以长到 3 米直径。该公园也是稀有叠层石的栖息地，这些叠层石是通常由蓝绿藻制成的矿物形成物，代表了地球上最古老的生物实例。

当数以千计的巨型墨鱼迁移到上斯潘塞湾海岸公园海岸线进行产卵时，便是该公园一年一度的海洋壮观景象。[②] 公园位于弗林德斯山脉和广袤的艾尔半岛之间，拥有温暖的海水、潮汐红树林和广阔的海草草甸，为墨鱼每年前往提供了合适的条件。该公园还包括具有国家重要性的湿地，是各种鱼类和甲壳类动物的重要育苗区的所在地。这些肥沃的海洋也使捕鱼成为一种受欢迎的活动，可以捕捞到鲷鱼、乔治王鳕鱼、长嘴鱼和虾以及蓝色游泳螃蟹。

（五）菲尔半岛（Fleurieu Peninsula）[③]

在邂逅海洋公园中可以找到澳大利亚保存最完好的海洋荒野，包括令人惊叹的潜水地点、壮观的珊瑚礁，这里有各种独特的鱼类和甲壳类动物，以及极为重要的鱼类繁殖和育苗区。该公园还保护着维多利亚港附近国际公认的鲸鱼繁殖地。菲尔半岛是南澳大利亚最受欢迎的游乐场之一，提供从赏鲸到品酒，美丽的海滩到双翼杂技在内的各种活动。

菲尔半岛的重要物种包括南露脊鲸、澳大利亚海狮和绿叶海龙等。南部露脊鲸在该地区进行繁殖，并且能经常在冬季从维克多港附近的海岸看到。叶状海龙拥有美丽的叶状附属物，是南澳大利亚的海洋标志生物。

---

① 参见南澳大利亚州政府官方网站：Franklin Harbor, https：//www. environment. sa. gov. au/marineparks/find – a – park/upper – spencer – gulf/franklin – harbor.

② 参见南澳大利亚州政府官方网站：Upper Spencer Gulf, https：//www. environment. sa. gov. au/marineparks/find – a – park/upper – spencer – gulf/upper – spencer – gulf.

③ 参见南澳大利亚州政府官方网站：Fleurieu Peninsula, https：//www. environment. sa. gov. au/marineparks/find – a – park/fleurieu – peninsula.

邂逅海洋公园有着澳大利亚保存最完好的海洋荒野，从惊人的潜水地点、壮观的珊瑚礁到极其重要的鱼类繁殖和避难所。公园从菲尔半岛的基地延伸到袋鼠岛的东北海岸和库荣，拥有多样化的海洋生物，如绿叶海龙、佩吉群岛上的澳大利亚海狮群，以及每年春天到该地区繁殖的南露脊鲸。

（六）袋鼠岛（Kangaroo Island）①

袋鼠岛拥有岩石峭壁、广阔的公园和保护区系统以及横跨南大洋的壮丽景色，是南澳大利亚旅游王冠中真正的珠宝之一。

澳大利亚海豹、长鼻海豹、澳大利亚海狮和小企鹅都在岛上繁殖和生活，近距离观察动物的机会吸引了来自世界各地的游客。隐藏的珊瑚礁在定居初期使航运变得危险，因此袋鼠岛因其潜水沉船的数量而闻名。深礁和近海岛屿有洞穴和悬崖，为岩龙虾、珊瑚鱼、海绵、软珊瑚、柳珊瑚、海星和软体动物提供了重要的栖息地。

袋鼠岛的重要物种包括小企鹅、长鼻毛皮海豹和 Hooded plover。岛上各个海滩都有小企鹅群和长鼻子海豹。Hooded plover 是一种小型水鸟，在岛上偏远的海滩上繁殖。由于濒临灭绝，它的数量正在下降，野外只有不到 3000 只。

袋鼠岛地区的海洋公园包括邂逅海洋公园、西部袋鼠岛海洋公园、南袋鼠岛海洋公园和南斯潘塞海湾海洋公园。

偏远的近海岛屿、崎岖的悬崖和岬角造就了西部袋鼠岛海洋公园壮丽的景观。该公园的开阔水域位于 Cape Forbin 和 Sanderson Bay 之间，是鲸鱼、海豚和南部蓝鳍金枪鱼迁徙路线上的通道。远离海洋的还有咆哮的河口、僻静的口袋海滩、潮间带海岸平台、深水珊瑚礁和沙质海底栖息地，岩石龙虾、海绵、软珊瑚和海星都生活在这里。该公园也是观察野生动物的理想场所，尤其是澳大利亚海豹繁殖地和长鼻海豹栖息地。观鸟者应注意白腹海雕和鱼鹰觅食地。②

南袋鼠岛海洋公园拥有标志性的海豹湾，以及一系列动物栖息地，使

---

① 参见南澳大利亚州政府官方网站：Kangaroo Island，https：//www. environment. sa. gov. au/marineparks/find‐a‐park/kangaroo‐island.

② 参见南澳大利亚州政府官方网站：Western Kangaroo Island，https：//www. environment. sa. gov. au/marineparks/find‐a‐park/kangaroo‐island/western‐kangaroo‐island.

该地区成为南澳大利亚自然遗产的宝石。该公园位于袋鼠岛南部海岸，德斯特里斯湾和海豹湾保护公园的西端。公园拥有深水珊瑚礁、裸露的悬崖和岩石岬角，是最重要的澳大利亚海狮繁殖地之一。西南岩石的近海深水花岗岩小丘和 D'Estrees Bay 海岸线是一个重要的国家级湿地。在深礁中更远的地方可以找到大量的鲷鱼、白鳕和小鲨鱼。①

南斯潘塞海湾海洋公园从哈德威克湾的避风海湾水域到蜿蜒的海岸线，沿着约克半岛向马里恩湾延伸。该公园位于调查海峡的深水区和袋鼠岛崎岖的北海岸，由几个近海岛屿组成，公园内冷水和温水的混合产生了动态的生态系统，有助于丰富的海洋生物在公园内产卵、育苗和觅食，这里还会遇到澳大利亚海狮或长鼻子海豹，因为他们经常在公园内的保护区晒太阳。鸟类爱好者可以沿着白鹭和白腹海鸟巢悬崖观察。②

（七）南东（South East）③

从高耸的悬崖和高耸的沙丘到长长的白色沙滩，再将大海与库荣河口隔开，南东区域的海洋公园保护着当地最美丽的海岸。该地区拥有高能冲浪海滩，平台礁和淡水湖泊，生产独特的盐和淡水混合物，是一处国际级的湿地。

该地区也是潜水者，观鸟者，冲浪渔民和桨手的天堂。它拥有不同深度的近海珊瑚礁，并有大量甲壳类动物，如岩龙虾和鲍鱼。无论是作为生计还是作为消遣，捕捞鱼类和甲壳类动物对该地区至关重要，渔民可持续在此捕捞养殖。而庇护区则为所有类型的海洋生物提供休养环境和区域，以便它们繁殖、饲养和成熟。下南东海洋公园也是南澳大利亚唯一的巨型海带森林和重要海草床的栖息地，这些海床在其生命的早期阶段为许多鱼类提供栖息和喂养条件。

该区域重要的物种有侏儒蓝鲸、南方岩龙虾、巨型海带森林等。南东地区是濒临灭绝的侏儒蓝鲸的重要觅食地，这些孤零零的鲸鱼以磷虾为

---

① 参见南澳大利亚州政府官方网站：Southern Kangaroo Island，https：//www. environment. sa. gov. au/marineparks/find－a－park/kangaroo－island/southern－kangaroo－island.

② 参见南澳大利亚州政府官方网站：Southern Spencer Gulf，https：//www. environment. sa. gov. au/marineparks/find－a－park/kangaroo－island/southern－spencer－gulf.

③ 参见南澳大利亚州政府官方网站：https：//www. environment. sa. gov. au/marineparks/find－a－park/south－east.

食，长度可达到 24 米，目前世界上可能只剩下 1200 只。东南部也是南部岩龙虾渔业的中心。南澳大利亚唯一的巨型海带森林位于库荣附近的海域，巨型海藻森林作为濒临灭绝的生态系统受到国家的保护，并庇护一系列其他海洋生物在此生存，包括珊瑚鱼、海螺、海胆、藻类和螃蟹。

南东地区的公园包括上南东海洋公园和下南东海洋公园两处。

上南东海洋公园以其美丽的海岸线、高耸的悬崖和平台礁而闻名，是观赏水域各种海洋和鸟类生活的理想场所。作为标志性的库荣海滩系统的一部分，该公园是不同海洋动物的重要交汇点，以 Bonney Upwelling 地区营养丰富的水生生物为食。重要的海草区也是养鱼的重要栖息地。钓鱼（娱乐和商业）在公园很受欢迎，其中包括鲍鱼、岩龙虾、巨型螃蟹和鳞鱼。该公园也是观赏滨鸟迁徙和居住的好地方，尤其是南库荣海滩，是一个国际公认的鸟类栖息地。

从海滩出来的淡水泉湖，为下南东海洋公园内的几个物种提供独特的栖息地。由于受到 Bonney Upwelling 的影响，该公园拥有种类繁多的植物和动物，是一条向该地区供应丰富营养水源的洋流。公园内可以通过潜入附近的 Ewen 和 Piccaninnie Ponds 水域（这两个都是重要的湿地）来近距离观察公园的珊瑚礁系统和巨型海藻森林。该公园还可以看到濒临灭绝的侏儒蓝鲸前来进食。[①]

六　塔斯马尼亚州海洋公园和保护区

目前，塔斯马尼亚州共有国家公园和保护区 20 个，该州的国家公园涵盖了各种未受破坏的栖息地和生态系统，其中包含地球上其他任何地方都没有的植物和动物。[②] 大约 40% 的塔斯马尼亚岛受到国家公园和保护区的保护。

塔斯马尼亚的国家公园非常特别，其中很大一部分已被纳入塔斯马尼亚荒野世界遗产区，以表彰其独特的自然和文化价值。很多知名的标志性景点就位于国家公园内或附近，如摇篮山—圣克莱尔湖国家公园的摇篮

---

① 参见塔斯马尼亚州政府官方网站：Lower South East，https：//www. environment. sa. gov. au/marineparks/find – a – park/south – east/lower – south – east.

② 参见塔斯马尼亚州政府官方网站：National Parks and wWlderness，https：//www. dis- covertasmania. com. au/about/national – parks – and – wilderness.

山，菲欣纳国家公园的酒杯湾，戈登—富兰克林野生河流国家公园的富兰克林河，以及塔斯曼国家公园附近的亚瑟港历史遗址。

塔斯马尼亚还拥有许多重要的海洋保护区，保护了美丽的水下环境，造福子孙后代。塔斯马尼亚的国家公园和保护区由塔斯马尼亚公园和野生动物管理局管理。

塔斯马尼亚的 20 个国家公园和保护区一览表①

本洛蒙德国家公园（Ben Lomond National Park）
摇篮山—圣佳尔湖国家公园（Cradle Mountain – Lake St Clair National Park）
道格拉斯—阿普斯利国家公园（Douglas – Apsley National Park）
菲欣纳国家公园（Freycinet National Park）
富兰克林—戈登野生河流国家公园（Franklin – Gordon Wild Rivers National Park）
哈兹山地国家公园（Hartz Mountains National Park）
玛丽亚岛国家公园（Maria Island National Park）
莫尔溪喀斯特国家公园（Mole Creek Karst National Park）
菲尔山国家公园（Mt Field National Park）
惠灵顿山公园（Mt Wellington Park）
威廉山国家公园（Mt William National Park）
纳拉文塔普国家公园（Narawntapu National Park）
洛基角国家公园（Rocky Cape National Park）
萨维奇河国家公园（Savage River National Park）
南布鲁尼国家公园（South Bruny National Park）
西南国家公园（Southwest National Park）
斯特列斯基国家公园（Strzelecki National Park）
达金森林保护区（Tarkine Forest Reserve）
塔斯曼国家公园（Tasman National Park）
耶路撒冷墙国家公园（Walls of Jerusalem National Park）

---

① 根据塔斯马尼亚州政府官方网站资料整理而来。

（一）摇篮山—圣佳尔湖国家公园（Cradle Mountain – Lake St Clair National Park）①

摇篮山—圣佳尔湖国家公园建立于1922年，坐落于整个塔省的西北部，占地面积16800公顷，它与富兰克林—哥顿野生河流国家公园（Franklin – Gordon Wild Rivers National Park）、耶路撒冷墙国家公园（Walls of Jerusalem National Park）、哈兹山地国家公园（Hartz Mountains National Park）、中部高原（Central Plateau）和西南国家公园（Southwest National Park）一起构成了塔斯马利亚荒野世界遗产区。从远处望过去，一个平静的湖泊躺在群山中间，就像睡在摇篮里似的，摇篮山因此而得名。它是由于几亿年前的冰川作用而形成的群山。摇篮山—圣克莱尔湖国家公园及其古老的热带雨林和高山荒地，是世界著名的陆上赛道和标志性摇篮山的所在地。作为塔斯马尼亚荒野世界遗产区的一部分，公园内有高耸的摇篮山、碧蓝的圣克莱尔湖、绵长的海岸风光，还有一望无际的荒原。

澳大利亚当地的Gustav Weindorfer拓荒者，于1912年在此种植了大量的比利国王松（King Billy pine），经过10年的辛勤劳作，使此地成为一个"随时向人们敞开"的国家公园。如今，拓荒者的梦想终于圆满，从世界各地来到塔斯马尼亚的游客中，至少有四分之一的人会来此感受一番。根据自己的时间和体力，从众多的徒步线路中选择一条，漫步在山脚的海岸线上，四季常青的植物令此地充满了无尽的想象。而更有许多疯狂的徒步爱好者，也会选择从摇篮山出发，走上大约一个礼拜，终点直指圣克莱尔湖。

摇篮山—克莱尔湖国家园内的动植物繁多，其中40%—55%的动物是本地特有的，包括澳洲小袋鼠、袋鼬、袋獾、针鼹、袋熊、负鼠等。此外，这个公园也是一个重要的鸟类保护区，为11种当地的鸟类提供了生存和繁衍环境，包括有乌鸦和黑噪钟鹊等。

摇篮山是塔斯马尼亚长达65千米（40英里）摇圣徒步道（Overland

① 参见塔斯马尼亚州政府官方网站：Cradle Mountain Lake St Clair National Park，https：//www. discovertasmania. com. au/about/national – parks – and – wilderness/cradle – mountain – lake – st – clair – national – park.

Track）起点，也是摇篮山—圣佳尔湖国家公园的北端，此地最有特色的植物是露兜树（pandani）和水青冈（fagus），前者酷似手掌，后者又像澳大利亚特有的落叶乔木。水青冈（fagus）是一种落叶山毛榉（Nothofagus gunnii），属于塔斯马尼亚特有的地域性树种，每年四月下旬到五月，山毛榉的颜色会从金色变到深红色，漫山遍野，秋意盎然。① 还有各种较短的步道穿过美丽的古老雨林。摇篮山和周边地区包含许多原住民历史遗址，至今保留了许多残余石器、洞穴、岩石掩体和石头。这些可以在离开公园南端圣克莱尔湖的原住民文化步道上观看的到。该公园的圣克莱尔湖区是步行者的天堂，沿着绵长的森林步道，悠闲的在湖畔散步。

（二）菲欣纳国家公园（Freycinet National Park）②

菲欣纳国家公园位于塔斯马尼亚东海岸，占据了菲欣纳半岛的大部分区域，从东侧俯瞰塔斯曼海，从西侧回到塔斯马尼亚海岸线，占地17000公顷。公园内有粉红色的花岗岩山，洁白的沙滩，海岸上因海风吹积而成的沙丘和干燥的桉树林。

菲欣纳国家公园中的很多地名都有着丰富的历史，比如菲欣纳半岛（Freycinet Peninsula），它是因法国的航海活动而得名的，而霄腾岛则是由早期的荷兰航海家取的名。

酒杯湾是菲欣纳半岛，乃至整个塔斯马尼亚州最著名的景点之一，晶莹无瑕的月牙形白色沙滩，以及蓝宝石一般剔透的海水，映衬着粉红与浅灰色的花岗岩山峰，形成了这一澳大利亚最美丽绝伦的自然环境，酒杯湾同时也是垂钓、帆船、丛林漫步、海上皮划艇，以及攀岩最理想的地点。

菲欣纳半岛同样也以美食闻名。鲜美的草饲牛肉和羔羊肉、滋味丰满的野味，还有刚卸下船的海鲜，包括小龙虾、扇贝以及咸味中还带有甘甜的牡蛎。在菲欣纳海洋农场（Freycinet Marine Farm）就能尝到新鲜去壳的牡蛎！而在距离菲欣纳不到1小时车程，有7家凉爽气候葡萄酒酒庄。在那

---

① 参见塔斯马尼亚州旅游局中文官方网站：《摇篮山》（*Cradle Mountain*）http：//www. discovertasmania. net. cn/destinations/% E6% 91% 87% E7% AF% AE% E5% B1% B1cradle－mountain.

② 参见塔斯马尼亚州政府官方网站：Freycinet National Park Wineglass Bay, https：//www. discovertasmania. com. au/about/national－parks－and－wilderness/freycinet－national－park－wineglass－bay.

里能品尝包括黑皮诺、霞多丽、白苏维翁以及雷司令在内的四种美酒。

七　西澳大利亚州海洋公园和保护区①

自 1987 年以来，西澳大利亚州逐步建立了海洋公园和保护区。由公园和野生动物部管理的海洋公园和保护区有助于保护海洋生物多样性，并为人们提供享受，欣赏和了解西部壮观海洋生物的特殊场所。目前，西澳大利亚共建有海洋公园与保护区 20 个。

西澳大利亚州的热带与温带海岸、岛屿、沉船以及世界遗产区潜水和浮潜，为我们提供近距离欣赏数量惊人、种类繁多的海洋生物的机会。西澳的海岸线全长达 20000 多公里，加之海洋公园和保护区的建设，可以让你在乐趣无穷的海洋公园里尽情探索西澳大利亚州的水下奇观。

从珀斯（Perth）搭乘短途轮渡，你就可以抵达罗特尼斯岛（Rottnest Island）A 级海洋保护区。这里的珊瑚礁、海草丛与沉船残骸得益于卢因（Leeuwin）暖流的影响，已经成为各种各样热带与温带海洋生物的乐园。径直前往帕克角浮潜水道（Parker Point snorkel trail）以及罗伊珊瑚礁（Roe Reef）的洞穴和岩礁。玛米恩海洋公园（Marmion Marine Park）坐拥珀斯（Perth）的北部海岸线，从特里格（Trigg）延伸至伯恩斯海滩（Burns Beach）。从珀斯（Perth）驱车片刻到达梅塔姆斯潭（Mettams Pool），这里是一个非常适合全家人与潜水初学者游玩的避风浮潜胜地。从珀斯（Perth）朝北沿印度洋公路（Indian Ocean Drive）驱车 3 小时，就来到朱里恩湾海洋公园（Jurien Bay Marine Park），这里是潜水与浮潜的乐园，以友好的稀有澳大利亚海狮、石灰岩洞以及悬岩而著称。你还可以花 1 个小时前往珀斯（Perth）南部的另一片海洋梦幻乐园——肖尔沃特群岛海洋公园（Shoalwater Islands Marine Park）。在这里，西澳最大规模的小企鹅群与澳大利亚海狮共享岛屿家园，还与栖息在公园内海绵礁、海草丛以及沉船残骸内的各种各样海洋生物和谐共处。②

---

① 参见西澳大利亚州政府官方网站：Marine Parks and Reserveshttps：//www. wa. gov. au/service/environment/marine－life－protection/marine－parks－and－reserves.

② 参见西澳大利亚州旅游局官方网站：Diving and Snorkelling, https：//www. westernaustra-lia. com/cn/Things_ to_ See_ and_ Do/Sun_ Surf_ and_ Sea_ Life/Pages/Diving_ and_ Snorkel-ling. aspx#/.

　　公园内原生态的岛屿和群岛也格外吸人前往。在距离杰拉尔顿（Ger-
aldton）海岸仅 60 千米处，122 个珊瑚环绕的岛屿以及 20 多艘沉船残骸令
阿布罗柳斯岛（Abrolhos Islands）深受青睐，不但吸引了各类热带与温带
海洋物种，也是潜水和浮潜爱好者的向往之地。西北部（North West）海
岸边的罗利沙洲（Rowley Shoals）拥有原生态的珊瑚环礁，是铁杆潜水爱
好者不可错过的乐园。从布鲁姆（Broome）乘坐夜间游船，你可以近距离
观赏 200 多种珊瑚、688 种鱼类，还有艳丽的巨蛤。

　　海洋公园里还有大量人造奇观。巴瑟尔顿（Busselton）不仅拥有南半
球最长的木桩栈桥（longest timber jetty），人们还打造出澳大利亚最迷人的
人造珊瑚礁，为大自然锦上添花。在木桩间潜水或浮潜时，你可以将一整
片的热带与亚热带珊瑚、海绵动物、鱼类以及无脊椎动物一览无余。人类
与大自然在宁加洛珊瑚礁世界遗产区（World Heritage Ningaloo Reef）和
谐相处，当初兴建的海军码头（Navy Pier）现在已成为了澳大利亚 10 大
潜水胜地之一。

　　这里还有多处沉船潜水点。西澳大利亚州的沿海海底分布着许多失事
船只，其中 14 艘可以在罗特尼斯沉船观光水道（Rottnest Shipwreck Trail）
潜水时观察探索。从珀斯（Perth）向南驱车 3 小时，在邓斯伯勒
（Dunsborough）的沿海，游客可以找到西澳水域里最大型、最热门的沉船
残骸之一——澳大利亚皇家海军舰天鹅号（HMAS Swan）护航驱逐舰。如
果游客想看到最大的沉船，不妨前往奥尔巴尼（Albany）的乔治王湾
（King George Sound），潜入 36 米深的水下，探寻 133 米长的澳大利亚皇
家海军舰艇珀斯号（HMAS Perth）残骸。不过对于资深潜水员而言，迄今
为止最佳的沉船探索地点当属埃斯佩兰斯（Esperance）沿海的山克哈维斯
特号（Sanko Harvest）。

西澳大利亚海洋公园一览表[①]

巴罗岛海洋公园（Barrow Island Marine Park）
巴罗岛海洋管理区（Barrow Island Marine Management Area）
拉朗—加拉姆/卡姆登湾海洋公园（Lalang - garram / Camden Sound Marine Park）

---

　　① 根据西澳大利亚州政府官方网站资料整理。

续表

| 80 英里海滩海洋公园（Eighty Mile Beach Marine Park） |
| 哈美林池海洋自然保护区（Hamelin Pool Marine Nature Reserve） |
| 朱里恩湾海洋公园（Jurien Bay Marine Park） |
| 玛米恩海岸公园（Marmion Marine Park） |
| 蒙特贝洛岛海洋公园（Montebello Islands Marine Park） |
| 穆龙岛海洋管理区（Muiron Islands Marine Management Area） |
| 恩加里·卡普斯海洋公园（Ngari Capes Marine Park） |
| 宁格罗海洋公园（Ningaloo marine park） |
| 拉朗—加拉姆/水平瀑布海洋公园（Lalang – garram / Horizontal Falls Marine Park） |
| 北拉朗—加兰海洋公园（North Lalang – garram Marine Park） |
| 北金伯利海洋公园（North Kimberley Marine Park） |
| 那古拉根/雄獐湾海洋公园（Yawuru Nagulagun / Roebuck Bay Marine Park） |
| 罗莱浅滩海洋公园（Rowley Shoals Marine Park） |
| 鲨鱼湾海洋公园（Shark Bay Marine Park） |
| 肖尔沃特群岛海洋公园（Shoalwater Islands Marine Park） |
| 天鹅河口海洋公园（Swan Estuary Marine Park） |
| 沃波尔和诺纳鲁普海洋公园（Walpole and Nornalup Inlets Marine Park） |

（一）宁格罗海洋公园（Ningaloo Marine Park）[①]

从埃克斯茅斯（Exmouth）到红色断崖西北的海角，覆盖 5000 平方千米的地区，世界遗产名录中的宁格罗（Ningaloo）暗礁是澳大利亚最大的边缘珊瑚礁，也是世界上唯一的大型珊瑚礁，超过 500 种热带鱼类居住

[①]　参加西澳大利亚政府官方网站：〈Ningaloo〉https：//parks. dpaw. wa. gov. au/park/ningaloo

在 300 千米长的珊瑚礁中。由于与陆地的距离很近，使得数量众多的鲸鱼、海豚、儒艮、巨大鳕鱼、海龟和鲸鲨聚集于此，因此它也是世界上极少数能够与鲸鲨一起游泳的地方之一。对于潜水者和带吸管的潜水者来说，在宁格罗暗礁游泳的经历是无与伦比的。

珊瑚湾是去宁格罗礁的南通道。在距岸上 20 米的地方有着该洲中最大的珊瑚礁群和许多类型热带鱼。3 月是参观珊瑚湾的最佳时间，如果只想观赏珊瑚产卵的自然现象，那么最好在 3—4 月间去那里旅游观赏。每年的 4—7 月，长度在 4—12 米的巨大而温和的鲸鲨开始大量涌现。每个晚上，许多不同类型的珊瑚虫会猛然间释放出成千上百万种明亮的粉红色卵和成束的精子，并且浮在水面，就像在进行一场壮观的水下舞蹈。

作为宁格罗海洋公园的北大门，埃克斯茅斯被评为世界最好的潜水基地，像珊瑚湾一样，这里有大量的带吸管式的潜水和钓鱼活动，还有宁静的受保护的游泳沙滩。宁格罗有几处历史悠久的沉船，还有一些是鲸鱼捕猎日的遗物，虽然尊重庇护区非常重要，但宁格罗海洋公园有 66% 区域可用于捕鱼。

（二）朱里恩湾海洋公园（Jurien Bay Marine Park）[①]

朱里恩湾海洋公园坐落于西澳大利亚州的西海岸，建立于 2003 年，面积为 823.75 平方千米，南部与南邦国家公园毗邻，众多岛屿位于公园之中，是观赏海洋生物的理想之地。

朱里恩湾海洋公园的热带沿海气候为多种多样的海洋生物提供了优良的生存环境，是澳大利亚最重要的海狮庇护区。根据调查发现生活于此的很多海洋生物为本地所特有，很多对于生物学家来说都是新物种，在此之前从未发现过。公园内分为三大区域，即保育区、专用区和通用区。保育区是为了海洋环境保护而设立的，用于保护那些罕见的或者濒危的海洋生物，减少旅游和娱乐对其造成的不利影响；专用区将环境保护和旅游娱乐结合在一起，允许娱乐活动；通用区既可观赏到多姿多彩的海洋生物，也可进行垂钓、游泳、潜水等娱乐活动。朱里恩湾海洋公园为游客提供多样的娱乐活动，如可以在园内的大部分海域内游泳、垂钓、潜水，可以近距

---

① 参加西澳大利亚政府官方网站：Jurien Bay https：//parks. dpaw. wa. gov. au/park/ju-rien - bay.

离地接触海狮、海豚，还可潜入水中观赏五彩斑斓的珊瑚礁。

广阔的石灰岩礁系统与岸边平行，形成了一个巨大的浅水潟湖，为澳大利亚海狮、海豚和无数幼鱼提供了完美的栖息地。海洋动物礁内的广阔海草草甸，如西部岩龙虾、章鱼和墨鱼，是年轻海狮最喜欢的食物。海洋公园环绕着数十个宏伟且具有重要生态意义的岛屿，这些岛屿包含世界上其他任何地方都没有的稀有和濒临灭绝的动物。

（三）肖尔沃特群岛海洋公园（Shoalwater Islands Marine Park）①

原始岛屿、暗礁和船舶残骸造就了肖尔沃特群岛海洋公园绝佳的潜水、浮潜和野生动物观赏条件。这座公园位于珀斯南部的海岸边。

企鹅岛（Penguin Island）上，小企鹅在洞穴里生活，游客可以在互动中心观看它们进食。该岛也是银鸥、燕鸥、白眉燕鸥和里海燕鸥的繁殖地。岛屿周围的暗礁为浮潜和潜水创建了良好的条件，同时也很适合海洋生物的生长，比如海星、海胆和软体动物以及一些鱼类。来到这片水域，游客可能会偶遇宽吻海豚，这在海洋公园中是极其常见的。游客还可以在固定的开放时间同海豚一起游泳。

海豹岛（Seal Island）是稀有的澳大利亚海狮的迁徙地，在这里可以经常看到它们在附近水域捕鱼和游泳。这里还有安全的家庭游泳沙滩和绝好的冲浪场地，海风袭来时，游客就可以扬帆远航了。肖尔沃特群岛海洋公园也是撒克逊护航者（Saxon Ranger）沉没的地方，这艘重达 400 吨的渔船是第一艘在珀斯大都会区沉没的船只。从罗金厄姆（Rockingham）出发可到达肖尔沃特岛海洋公园。

（四）罗莱浅滩海洋公园（Rowley Shoals Marine Park）②

罗莱浅滩位于印度洋帝汶海西南部，以珊瑚环礁闻名于世。罗莱浅滩自东北到西南延绵大约 100 千米，由三个礁区构成——默梅德礁（Mermaid Reef）、克拉克礁（Clerke Reef）、安佩厄斯礁（Imperieuse Reef），其中只有克拉克礁和安佩厄斯礁拥有水上沙洲。安佩厄斯礁上有一座灯塔。这座灯塔是罗莱浅滩唯一的常设人工建筑，坐落在安佩厄斯礁北端的

---

① 参加西澳大利亚政府官方网站：Shoalwater Islands https：//parks. dpaw. wa. gov. au/park/shoalwater - islands.

② 参加西澳大利亚政府官方网站：Rowley Shoals https：//parks. dpaw. wa. gov. au/park/rowley - shoals.

坎安宁沙洲上。

罗莱浅滩坐落在澳大利亚西北海岸线上，位于澳大利亚布鲁姆市以西大约 300 千米的地方。从 20 世纪 70 年代末开始，不断有人到罗莱浅滩进行捕鱼和潜水活动。罗莱浅滩海洋公园建立于 1990 年，克拉克礁和安佩厄斯礁是这个公园的一部分。1991 年，当地政府在默梅德礁建立了默梅德礁海洋生态自然保护区（Mermaid Reef Marine National Nature Reserve）。

罗莱浅滩的生态多样性令人印象深刻，比西澳大利亚的其他礁石生态系统更具东南亚特征。罗莱浅滩具有 233 种珊瑚、688 种鱼类，其中包括鹿角珊瑚、巨蛤、巨大的马铃薯鳕鱼、曲纹唇鱼、马鲛鱼、金枪鱼等。而且，在克拉克礁的贝德维尔沙洲海域还有一群红尾热带鸟，以及各种类型海鸥、海鹰、燕鸥、千鸟和白鹭。

（五）鲨鱼湾海洋公园（Shark Bay Marine Park）①

鲨鱼湾（Shark Bay）世界遗产保护区位于西澳大利亚州的加斯科因，也是澳大利亚的最西点，距珀斯北部约 800 千米。因为这里的生态环境代表了地球的进化史，代表了生态学和生物学进程，这里拥有超自然现象以及对多种生物的正常保护，因此鲨鱼湾被列入世界自然遗产。鲨鱼湾声称是自 1616 年德克·哈托登陆后全澳大利亚第一个与欧洲建立联系的地方，也是第一个被外部世界发现并被正式记载的地点。

鲨鱼湾遗产覆盖了大约 23000 平方千米的范围，包含了很多保护区和保留地，包括鲨鱼湾海洋公园（Shark Bay Marine Park）、弗朗索瓦·佩伦国家公园（Francois Peron National Park）、哈美林池海洋自然保护区（Hamelin Pool Marine Nature Reserve）、蒙克米亚保护区（Monkey Mia Reserve）、贝壳沙滩保护公园（Shell Beach Conservation Park）、祖多朴自然保护区（Zuytdorp Nature Reserve）和很多被保护的岛屿。鲨鱼湾水深平均为 10 米，被很多浅滩分割为很多半岛和岛屿。海岸线长约 1500 千米。鲨鱼湾坐落在三大主要气候带的过渡地带，也处在两个植物学区域的中间。鲨鱼湾也有动物学上的重要性，因为在这块土地上生存着超过 10000 头儒艮（海牛），同时这里也有很多海豚。这里还生存着 26 种澳大利亚濒危

---

① 参加西澳大利亚政府官方网站：Shark Bay https：//parks. dpaw. wa. gov. au/park/shark－bay.

的哺乳动物，超过 230 种鸟类以及将近 150 种爬行动物。这里也是鱼类、甲壳类和腔肠动物类的重要繁殖及生长的地方。这里有 323 种鱼类，包括很多的鲨鱼和软骨鱼纲。

尽管鲨鱼湾的名称让人联想起凶猛的鲨鱼，但当地最著名的动物当属温顺的海豚。鲨鱼湾中的宽吻海豚是目前已知的唯一能够使用工具的海洋类哺乳动物。当在沙质海底搜索食物的时候，它们会用海绵来保护自己的嘴部，值得一提的是，这项技能只由母海豚教导给它的女儿。当然，很多去鲨鱼湾的游客已不满足仅仅观赏海豚，他们会尝试和 Monkey Mia 海滩的海豚做朋友。该海滩距离当地主要城镇 Dunham 东北部只有 30 分钟车程，是家庭和自然爱好者必到之处。这里的海豚几乎每天都会游到海边和人们互动，游客在工作人员的指导下可以给这些海豚喂食。

鲨鱼湾是澳洲最大的海湾，覆盖了大约 10000 平方米的区域，同时这里也有超过 1500 千米的绵长的海岸线，但最引人注目的还属当地的贝壳海滩，组成这个海滩的不是普通的沙子，而是无数细小的白色海贝。整个海滩长约 6 千米，深达 7—10 米，而关于它的起源至今仍是个谜。

由于热带沙漠气候，热带季风气候和热带海洋气候在当地交汇，鲨鱼湾地区的海岛上被不同的植被所覆盖。南部地区主要的植被是石楠树，该树木夏季密生白色花朵，秋后呈红色，这是秋后的石楠树树叶呈现出娇艳的红色，鲜艳夺目，是一种观赏价值极高的常绿阔叶乔木。除此之外还有 57 种别具一格的植物遍布当地，其中一些植物对专家来说都是陌生的。

宽阔的珊瑚丛是水下观赏的一大美景。鲨鱼湾的珊瑚礁块的直径大约有 500 米左右，随处可见的头珊瑚和平板珊瑚之间充斥着丰富的海洋生物。潜入水下时，无数色彩斑斓的珊瑚争相映入游客的眼帘，蓝色、紫色、绿色、棕色等，让人不禁感叹大自然的神奇。另外在当地海域还有一个蓝色石松珊瑚的生长群落，远远望去仿若一个美丽的海底大花园。

鲨鱼湾有着世界已知的最大的海草区，海草覆盖了大约 4000 平方千米的区域，包括世界上最大的海草沙洲。其中一个海域共生长了 12 种海草，这也让其成为全球海草种类最多的海域。海草对当地的生态平衡起着至关重要的作用，因为它们可以为鱼类和壳类生物提供栖息地，还可以帮助它们应对气候变化。

第三节　海洋公园和保护区的价值意义

一　对生态环境的影响

海洋公园和保护区旨在保护海洋生态系统和海洋生物多样性，因此，它们的建立会对生态环境产生积极影响，通过保护自然资源和生物多样性可以使遭受破坏的栖息地得到逐步恢复，维护生态环境的自然平衡，海洋生境因此得到极大改善。通过不同功能区域的划分，公园禁止在划定海域内进行任何形式的捕鱼活动，减少了捕捞活动，从而保持了鱼类种群的数量及多样性，使原来从渔场中消失的物种重新出现，并且显著提高了大型掠食性鱼类的数量。同时，海洋公园和保护区的建设也使得珊瑚的覆盖面积不断扩大，珊瑚结构复杂程度提高，珊瑚礁的生境得到了有利改善。因此，海洋公园和保护区的建设不仅改善了生态环境，保护了生态物种，还提高了当地居民收入，使得海洋保护意识不断提升。①

二　对渔业发展的影响

近年来，随着人们海洋保护意识的提高，国家海洋公园的概念得到了快速普及，其经济价值也逐渐得到人们认可。如公园可以提高保护海域内的生物量、增加生物多样性并恢复当地遭到破坏的生态系统等，这些变化可以为海域利用者提供直接或间接的生态服务价值。T. T. De Lopez 从经济学角度对柬埔寨南部的 Ream 国家海洋公园进行了分析，评估了不同利益主体建立或破坏国家海洋公园后的收益或损失，结果表明，公园的存在为当地居民争取了最大的利益，而肆意开采资源将会给当地造成巨大的经济损失。现有渔业数据表明，绝大部分国家海洋公园可以在保全生物多样性的同时，提高当地渔业产量，包括贝类、甲壳类、海鞘类及各种鱼类等，从而提升区域渔业经济效益。但也有学者得出不同结论，认为公园对外部渔业种群的增强作用并不明显，对当地捕捞产量没有影响或影响很小。

---

① 王恒、李悦铮、邢娟娟：《国外国家海洋公园研究进展及启示》，《经济地理》2011 年第 4 期，第 673—680 页。

三　对旅游发展的影响

在国家海洋公园的旅游及娱乐价值方面，绝大多数公园对游客产生的吸引力及相关经济效益远远超过其渔业效益。建立国家海洋公园，可以通过开发旅游业及娱乐业支持经济发展并创造就业机会。越来越多的潜水者倾向于选择在公园内潜水，在关于菲律宾国家海洋公园的研究中发现，位于苏禄海（sulu）中央的图巴塔哈礁（Tubbataha Reef）海洋公园已经成为理想的潜水地和联合国教科文组织的世界人类文化遗产地。旅游业收入已经成为区域经济收入的主要来源，公园每年可获得的收入已远超出公园管理主体费用的运营成本。①

第四节　澳大利亚海洋公园与保护区建设对我国的启示

一　对增加渔民收入的启示②

澳大利亚海洋公园将保护和开发二者协调起来，在保护海洋环境和生物的同时促进当地渔民收入的增加，达到经济与环境的可持续发展。这对我国渔民收入的增加提供了很多经验。

（一）科学规划捕捞、养殖增加渔民收入

对海洋捕捞的海域、时间做出详细的规划，对于水产养殖要从选址、养殖品种、养殖方法等多角度全面调查，根据不同的海洋环境科学合理地进行，不断提高渔业科技创新能力。目前，渔业增长方式转变中的诸多问题，都需要通过不断加大渔业科技创新来加以解决。集中优势，整合资源，力争在关键领域、关键技术上取得重大突破，着力提高原始创新、集成创新和引进消化吸收再创新能力。同时要结合海区的特点切实做到海洋生物资源和环境的保护，要把渔业科技、推广体制改革和机制创新放在突出的位置加以建设，使其成为促进渔业增长方式转变和经济质量提高的内在动力。

---

① 王恒、李悦铮、邢娟娟：《国外国家海洋公园研究进展及启示》，《经济地理》2011 年第 4 期，第 673—680 页。

② 赵领娣、张燕等：《澳大利亚海洋公园对我国渔民增收的启示》，《休闲渔业》2008 年第 2 期，第 51—56 页。

（二）大力开发海洋旅游业增加旅游业收入①

海洋旅游业发展有着广阔的发展前景。在发达国家，海洋旅游业产值一般都占到整个旅游业产值的三分之二左右。我国拥有丰富的海洋旅游资源，但是对于海洋资源的开发和利用还不尽如人意。借鉴澳大利亚海洋公园开发的经验，我们可以从以下几个方面发展海洋旅游业。

第一，保护海洋生物资源，发展海洋观光旅游业。

海洋旅游业很大一部分是建立在优美的自然风光、丰富的海洋物种基础之上的，只有保护好海洋生物环境资源，才能使海洋旅游真正做到可持续发展。借鉴澳大利亚海洋公园经验，应该对我国的海洋自然保护区及其他具有重要保护价值的海区制定严格科学的区域保护，划定诸如庇护区、一般保护区、特殊用途区等不同保护级别的区域，在各等级保护区域内规定允许或禁止的各项活动，改变目前管理措施规定不明确的现状，制定具体且严格的措施及相应的惩罚措施，在沿海居民及游客中大力宣传海洋环境保护，引导正确的保护海洋环境和生物的观念，从根源上保护海洋旅游资源，保证海洋旅游业的可持续发展。在保护的基础上开发各种旅游项目，从而促进海洋旅游业的发展。

第二，保护海洋文化资源，发展海洋文化旅游。

借鉴澳大利亚海洋公园分区计划，我们可以对海洋自然保护区进行划分，划出生物的核心保护区和非核心保护区。在非核心保护区内进行旅游资源的开发，同时将自然保护区所在地的历史文化和民族风情进行策划开发，提高游客的兴趣，吸引更多的游客，促进当地海洋经济的发展。

第三，发展休闲渔业、潜水等海洋休闲产业增加渔民收入。

作为一个朝阳产业，休闲渔业对于保护海洋生物资源，促进海洋经济的发展有着重要的作用，借鉴澳大利亚的管理制度在海洋生物的非核心保护区内，选择适当的地点发展垂钓等休闲渔业，这样才能对海洋生物资源进行很好的保护，也能促进休闲渔业的发展。潜水活动是在海洋中进行的、既有娱乐性又有冒险性的休闲体育活动，是近距离的体验海洋的一种新方式，作为一种产业它具有相当大的前景。借鉴澳大利亚海洋公园的分

---

① 赵领娣、张燕等：《澳大利亚海洋公园对我国渔民增收的启示》，《休闲渔业》2008 年第 2 期，第 51—56 页。

区制度，我国的海南地区应在潜水活动海域实施休游制，并开辟新的潜水旅游海域和营造新的潜水场所。①

二　对保护海洋环境的启示②

根据《全国海洋功能区划》规定，我国管辖海域划定了港口航运区、渔业资源利用和养护区、矿产资源利用区、旅游区、海水资源利用区、海洋能利用区、工程用海区、海洋保护区、特殊利用区和保留区十种主要海洋功能区，并规定了每种海洋功能区的开发保护重点和管理要求，由海洋功能区划的分区可以看出，海洋功能区划主要是为了宏观指导我国海洋的开发活动，协调各海洋产业，同时保护海洋环境，但是海洋功能区划只是提供了不同功能区的划分，并没有为海洋生物环境资源与沿海经济收入结合提供更为具体的指导。

我国的海洋保护与开发模式要么是过于偏重于资源环境的保护，而没有对资源环境进行适当的开发，如海洋自然保护区，要么就是对海洋资源环境的纯粹开发，如海洋旅游风景区和海洋公园，而没有两者的合理结合，即海洋资源环境的保护与开发结合起来，由此可以看出澳大利亚海洋公园对我们的借鉴意义，在于建立一个海洋综合保护开发区，将海洋资源环境的保护和开发结合起来，将海洋保护和沿海居民收入增加结合起来，这样才能达到可持续发展的目的。

---

① 赵领娣、张燕等：《澳大利亚海洋公园对我国渔民增收的启示》，《休闲渔业》2008 年第 2 期，第 51—56 页。

② 王恒、李悦铮、邢娟娟：《国外国家海洋公园研究进展与启示》，《经济地理》2011 年第 4 期，第 673—680 页。

第五章 海洋文化遗产

澳大利亚是继美国之后第 2 个建立国家公园的国家。独特的自然禀赋条件和悠久的土著文化，加之政府申报世界遗产的积极态度，使得澳大利亚的自然及混合遗产数量均居世界前列。澳大利亚采取保护和利用并重的战略，很好地保护和开发了世界遗产。像澳大利亚这样处于南半球茫茫大海中的大陆，海洋文化遗产非常突出。于是这也构成了澳大利亚"得天独厚"的遗产类型。

第一节 海洋文化遗产种类

遗产构成了澳大利亚独特的身份特征——他们的精神和独创性，他们的历史建筑，以及他们独特的生活景观。遗产既是澳大利亚过去历史的宝贵遗留，也是当今生活中不可或缺的一部分，是传承给后代的瑰宝。[①] 首先，从遗产的内容属性上来分类，澳大利亚的遗产种类主要包括了原住民遗产、可移动文化遗憾、历史沉船遗产、移民遗产以及对澳大利亚具有历史重要性的遗产等，这些遗产种类如果按照层级来分，可以分为世界遗产、国家遗产和联邦遗产。这种分类体系有利于形成高效合理的遗产立法保护和管理框架体系，使得澳大利亚的遗产保护工作受到世界的瞩目和赞赏。在这些丰富的遗产中，海洋文化遗产也同样广泛地分布在不同的内容属性、不同的层级之中，既有海洋相关的纯文化性的遗产，也有海洋相关的自然遗产，同时也包括海洋相关的文化和自然混合性遗产。[②]

---

① 参见澳大利亚政府官方网站：heritage, http：//www. environment. gov. au/heritage.

② 参见澳大利亚政府官方网站：Australian Heritage Databasehttp：//www. environment. gov. au/cgi – bin/ahdb/search. pl? mode = search_ results；list_ code = NHL；legal_ status = 65.

澳大利亚遗产内容属性分类及其定义①

遗产类型	定　义
世界遗产	指被联合国教科文组织和世界遗产委员会确认的人类罕见的、目前无法替代的财富，是全人类公认的具有突出意义和普遍价值的文物古迹及自然景观。
国家遗产	独特的、有助于赋予澳大利亚国家认同的自然和文化遗产地，是关于国家进化景观（the nation's evolving landscapes）和体验的活的、可获取的记录。国家遗产定义了澳大利亚作为一个国家发展的关键要素，反映了澳大利亚人生活中的成就、欢乐和悲伤。国家遗产包括展示了澳大利亚丰富且独特的自然遗产多样性的地方。
联邦遗产	澳大利亚政府拥有或租借的众多具有遗产价值的地方，通常跟国家保卫、全国范围内传播和政府体系的发展有关，这些地方反映了澳大利亚作为一个国家建构的过程。澳大利亚政府拥有的地方包括电报局、防御基地、移民中心、海关、灯塔、国家机构（如议会和高级法院建筑）、纪念物、岛屿和海岸地区。
原住民遗产	原住民及托雷斯海峡居民在澳大利亚已有 6 万多年的历史，他们的遗产是整个澳大利亚遗产的重要部分。原住民遗产地拥有使人类和土地关系得以延续的重大意义和创造性。对原住民而言具有重大意义和重要性的地方包括：跟描述了土地法律以及人类应该如何行为的传说有关的地方；跟原住民灵性有关的地方；他文化跟原住民文化接触的地方以及在当代有重要作用的地方。
可移动文化遗产	人们创造或收集的物件，是文化遗产的重要组成部分。这些物件包括艺术的、技术的或源于自然的各类文化遗产。
历史沉船	在澳大利亚的海岸线内有 6500 多只历史沉船，每一只都有自己独有的故事，构成澳大利亚遗产的重要部分。
LOPHSA（海外历史纪念地）	LOPHSA 是对澳大利亚的历史具有特殊意义的地方。2007 年 1 月 1 日澳大利亚政府根据 EPBC 法案（1999 年）建立了一份新的名录，象征性地认定 LOPHSA。标志着澳大利亚在尊重别国权力和主权的基础上，正式认定海外对国家发展具有最重大意义的遗产地。该名录有助于"讲述"发生在海外的、澳大利亚历史上最重要部分的故事，比如战时重大事件，代表海外澳大利亚人成就丰功伟绩的地方。

① 根据澳大利亚政府官方网站资料以及李春霞、彭兆荣《国家遗产体系的构建——以澳大利亚遗产体系为例》，重庆文理学院学报（社会科学版）2009 年第 3 期，第 16 页。

续表

遗产类型	定　义
移民遗产	移民遗产是对不同移民群体（最近迁入澳大利亚或跟其移民遗产有密切联系的第二、三代澳大利亚人）而言重要的遗产。展示了澳大利亚移民的历史，这一历史是澳大利亚遗产有价值部分。有很多对不同移民群体具有重要性的地方，在社区却未被大众所知，比如祈祷之所、工作场所、地方集市，或跟对某些移民社区极为重要的人物和事件有关的地方。

一　澳大利亚海洋文化世界遗产

世界遗产地是重要且属于每个人的地方，无论它们位于何处。它们具有超越其为特定国家所拥有的价值的普遍价值。澳大利亚有 19 个遗址（41 处遗迹）被列入世界遗产名录①，代表了世界文化和自然遗产的最佳范例。

澳大利亚 19 个世界遗产列表②

遗产种类	遗　产　名　称	确立时间（年）	所在州
文化遗产	皇家展览馆和卡尔顿园林（卡尔顿园林）（Royal Exhibition Building and Carlton Gardens）	2004	维多利亚州
	悉尼歌剧院（Sydney Opera House）	2007	维多利亚州
	澳大利亚监狱遗址（Australian Convict Sites）	2010	塔斯马尼亚州（6 处） 新南威尔士州（4 处） 西澳大利亚州（1 处） 海外领地（1 处）

---

① 参见澳大利亚政府官方网站：Australia's World Heritagehttp://www. environment. gov. au/heritage/about/world – heritage.

② 根据澳大利亚政府官方网站整理：http://www. environment. gov. au/heritage/places/world – heritage – list.

续表

遗产种类	遗　产　名　称	确立时间(年)	所在州
自然遗产	大堡礁（Great Barrier Ree）	1981	昆士兰州
	豪勋爵岛（Lord Howe Island Group）	1982	新南威尔士州
	澳大利亚雨林公园（澳大利亚的冈瓦纳雨林、澳大利亚东中部雨林保护区）（Rainforests Parks of Australia）	1986 1994	新南威尔士州(8处) 昆士兰州（3处）
	昆士兰温热带雨林（昆士兰湿热带地区）（Wet Tropics of Queensland）	1988	昆士兰州
	西澳大利亚鲨鱼海湾（鲨鱼湾）（Shark Bay, Western Australia）	1991	西澳大利亚州
	芬瑟岛（弗雷泽岛）（Fraser Island）	1992	昆士兰州
	澳洲哺乳动物化石产地（里弗斯利/纳拉库特）（Australian Fossil Mammal Sites, Riversleigh / Naracoorte）	1994	南澳大利亚州(1处) 昆士兰州（1处）
	麦夸里岛（Macquarie Island）	1997	塔斯马尼亚州
	赫德岛和麦克唐纳群岛（Heard and McDonald Islands）	1997	海外领地
	大蓝山山脉（大蓝山区）（Greater Blue Mountains Area）	2000	新南威尔士州
	波奴鲁鲁国家公园（Purnululu National Park）	2003	西澳大利亚州
	宁格鲁海岸（Ningaloo Coast）	2011	西澳大利亚州
文化与自然混合遗产	卡卡杜国家公园（Kakadu National Park）	1981	北领地
	威兰德拉湖区（Willandra Lakes Region）	1981	新南威尔士州
	塔斯马尼亚荒原（Tasmanian Wilderness）	1982 1989	塔斯马尼亚州
	乌鲁汝—卡塔楚塔国家公园（乌卢鲁—卡塔·丘达国家公园）（Uluru - Kata Tjuta National Park）	1987 1994	北领地

在这 19 个世界遗产（41 处遗迹）中，属于海洋文化遗产范畴的世界遗产有悉尼歌剧院（Sydney Opera House）、鹦鹉岛监狱遗迹（Australian Convict Sites – Cockatoo Island）2 个文化遗产；大堡礁（Great Barrier Ree）、豪勋爵群岛（Lord Howe Island Group）、西澳大利亚鲨鱼湾（Shark Bay, Western Australia）、弗雷泽岛（Fraser Island）、麦夸里岛（Macquarie Island）、赫德岛和麦克唐纳群岛（Heard and McDonald Islands）、宁格鲁海岸（Ningaloo Coast）、冈瓦纳雨林区的海斯汀—马克利群岛区域（Gondwana Rainforests of Australia – Hastings – Macleay Group）8 个自然遗产，以及威兰德拉湖区（Willandra Lakes Region）等文化与自然混合遗产。

（一）悉尼歌剧院（Sydney Opera House）①

落成于 1973 年的悉尼歌剧院是 20 世纪的伟大建筑工程之一，是各种艺术创新的结晶，成为悉尼地标性建筑，也是到悉尼旅游的首选圣地之一。在迷人海景的映衬下，一组壮丽的城市建筑巍然屹立，顶端呈半岛状，翘首直指悉尼港。这座建筑给建筑业带来了深远的影响。歌剧院由三组贝壳状相互交错的穹顶组成，内设两个主演出厅和一个餐厅。这些贝壳状建筑屹立在一个巨大的基座之上，四周是露台区，作为行人汇集之所。1957 年，国际评审团决定由当时尚不出名的丹麦建筑师丁·乌特松设计悉尼歌剧院项目，标志着建筑业进入了全新的合作时期。悉尼歌剧院作为向全社会开放的伟大艺术杰作列入了《世界遗产名录》，遗产区保护范围包括 5.8 公顷缓冲区，共保护范围 438.1 公顷。

今天，悉尼歌剧院已成为世界上最繁忙的表演艺术中心之一，每年举办多达 2500 场表演和活动，吸引了约 150 万观众和大约 400 万游客。

（二）鹦鹉岛监狱遗迹（Australian Convict Sites – Cockatoo Island）②

鹦鹉岛是悉尼港最大的岛屿，位于帕拉马塔（Parramatta）和里湾河（Lane Cove River）的交汇处。它一开始的面积为 12.9 公顷，但因为大量采石活动，面积已扩大到 17.9 公顷。它的景观现在由人造悬崖、石墙和

---

① 参见澳大利亚政府官方网站：Sydney Opera House, https://www. gov. au/sydney – opera – house.

② 根据澳大利亚政府官方网站整理：National Heritage Places – Cockatoo Island：http://www. environment. gov. au/heritage/places/national/cockatoo – island.

台阶、码头、起重机、滑道和建筑形式组成。鹦鹉岛包括了澳大利亚唯一使用囚犯劳工建造的干船坞，以及与囚犯管理、监禁和工作条件有关的建筑物和织物。鹦鹉岛还拥有全国最广泛和最多样的造船记录，这些会增强我们对 19 世纪中期澳大利亚海洋和重工业发展史的理解。

鹦鹉岛从 1839—1969 年作为一个刑事犯罪机构运作，主要是对在殖民地重新犯罪的囚犯进行二级惩罚。在 19 世纪 20 年代，监狱向自由定居者提供廉价囚犯劳动力，这也减轻了英国财政部的负担。囚犯建造的建筑主要位于高原地区，包括囚犯营房和医院（1839—1842 年）及食堂（1847—1851 年）。军营西面是无屋顶的军事警卫室（1842 年）和军官宿舍（1845—1857 年）。学监的住所（Biloela House）（1841 年）位于悬崖的东侧。筒仓的开口仅作为地面覆盖物可见，并且两个筒仓从之前的采石中暴露出来。对称的筒仓是瓶形的，平均深 19 英尺，直径 20 英尺。该岛的下部中心区域，大部分已被夷为平地并为船坞用途而开发，仍然可容纳一系列工业建筑、拆除建筑物的混凝土垫、起重机、干船坞和码头等相关结构。

1869 年，监狱和造船厂的管理分为两个机构。悬崖上方的土地仍然由新任命的新南威尔士州监狱部门的机构使用，而前滩则是在公共工程部门管理下的造船厂。从 1871 年到 1888 年，监狱军营改为女子工业学校，并为 16 岁以下判犯罪的女童提供单独的管理。1871 年，木制帆船 NSS Vernon 停泊在鹦鹉岛，用于违法人员、无家可归或孤儿作为航海学校进行训练使用。1879 年，女童的管理活动被重新安置到屈臣氏湾，1888 年初女童工业学校关闭。殖民地其他地方的人满为患迫使囚犯 1888 年 6 月返回鹦鹉岛。继 1901 年联邦后，新南威尔士州政府保留了该岛的管理权。男性监狱部分于 1906 年关闭，囚犯被转移到新的长湾监狱。1909 年，女性囚犯也被重新安置到长湾。1890 年，萨瑟兰码头结束囚犯的免费劳动。随着监狱的关闭，学校船的离开和国际航运的增加，船坞和造船活动迅速扩大，设施开始遍布整个岛屿。1911 年，澳大利亚皇家海军成立，1913年，联邦政府购买了鹦鹉岛，用于建造主要的海军舰艇以及修理船只。通过造船和服务，鹦鹉岛在澳大利亚皇家海军的发展史和两次世界大战期间都发挥了重要作用。

（三）威兰德拉湖区（Willandra Lakes Region）①

威兰德拉湖区是一个广阔的区域，这里有一系列湖泊和沙滩构造的化石，包含了过去两百万年形成的古老湖泊系统，其中大部分都是由新月形沙丘或月桂树环绕而成。考古研究还发现了 4.5 万—6 万年前人类居住的证据，说明原住民生活在湖泊的岸边已数万年，在蒙哥湖沙丘中发现的 4 万年前的女性的遗体被认为是世界上最古老的火葬仪式场所，这对于研究澳洲大陆人类进化史有着里程碑式的意义。湖区还有一些保存完好的大型有袋动物化石。威兰德拉湖区于 1981 年被列入世界遗产名录，遗产区保护范围 24 万公顷。

二　澳大利亚海洋文化国家遗产

澳大利亚的国家遗产名录是澳大利亚自然、历史和土著文化的记录册，它们记录了澳大利亚具有重要意义的遗产。这些遗产一起讲述了澳大利亚神秘而灿烂的故事，从最早的化石记录到该大陆原住民定居的悠久历史，以及使澳大利亚成为今天的历史事件等。国家遗产对于这个国家来说具有重要意义。

目前，澳大利亚共有 107 处国家遗产。其中首领地地区有 4 处，新南威尔士州 24 处，北领地 5 处，昆士兰州 10 处，南澳大利亚州 7 处，塔斯马尼亚州 13 处，维多利亚州 24 处，西澳大利亚州 15 处，海外领地 5 处。在这些遗产中，既有热带雨林、湿地系统、海洋景观等与海洋相关的自然遗产，也有沉船遗址、海事历史、监狱遗迹、渔民风俗、人文建筑景观等与海洋相关的人文文化遗产，以及国家海洋公园与保护区、庄园等综合性的文化与自然混合遗产。

（一）巴达维亚沉船遗址（Batavia Shipwreck Site）②

1629 年，巴达维亚号开始其驶向爪哇岛的处女航。满载的巴达维亚号带着 300 多名乘客和船员离开了非洲的好望角，从南纬 45°的咆哮西风

---

① 参见澳大利亚政府官方网站：World Heritage Places - Willandra Lakes Regionhttp：//www. environment. gov. au/heritage/places/world/willandra.

② 参见澳大利亚政府官方网站：National Heritage Places - Batavia Shipwreck Site and Survivor Camps Area 1629 - Houtman Abrolhos, http：//www. environment. gov. au/heritage/places/national/batavia.

带快速地穿过印度洋。由于没能及时转向，1629年6月4日，巴达维亚号不幸撞上了西澳的"清晨礁"（Morning Reef），船很快就断裂，慢慢沉入了大海。巴达维亚号沉船遗址位于霍特曼·阿布霍洛斯的华勒比群岛，该群岛位于西澳大利亚海岸约65千米处，由一系列低礁和岛屿组成。20世纪60年代，在烽火台岛上发现了被叛乱分子杀害的乘客和船员的人类骨骼遗骸。残骸被打捞上来后，经过复杂的防腐处理和复原，重现了这艘500吨巨轮往日的英姿。船上配备有24门铸铁大炮和一些青铜枪，同时载有137块石料，原本要运去雅加达修建一座城堡，不幸和巴达维亚号一起沉没了。现在，这些石料被恢复成城堡的拱门供游客参观。

2006年4月6日，巴达维亚号沉船遗址被列入国家遗产名录。这些遗址包括晨礁上的残骸，灯塔岛上的幸存者营地和墓地，以及维布·海斯和他的人在西华勒比岛上建造的两个石屋的遗址。它们被认为是澳大利亚最古老的欧洲建筑。现在，船体的部分已经重建，并与其他文物一起在澳大利亚西部海事博物馆展出，为人们展示了17世纪的造船技术。

（二）天狼星沉船遗址（HMS Sirius Shipwreck）[1]

沉船遗骸天狼星是与澳大利亚殖民地定居点相关的最重要船只之一。它们是第一舰队中唯一已知的船只残骸，对于国家来说具有突出的遗产价值，这关系到第一舰队和澳大利亚殖民历史的开端。

天狼星舰船和指挥官亚瑟·菲利普指导第一舰队经历了从英格兰到澳大利亚6个月的艰苦旅程，历程达15000英里。1788年1月26日，天狼星和第一舰队抵达杰克逊港，这是澳大利亚历史上最重要的时刻之一，被称为澳大利亚日。天狼星的指挥官亚瑟·菲利普成为澳大利亚第一位殖民地总督。在旅程结束后，天狼星舰船成为殖民地的主要防御形式，以及与英国的主要供应线和通信联系站。新南威尔士州殖民地前三位州长的职业生涯与天狼星密切相关。菲利普总督（1788—1792）、亨特（1795—1800）和国王（1800—1806）都是天狼星的高级军官。

除了在殖民地西部探索更肥沃的农田之外，为了避免灾难，菲利普总

---

[1]　参见澳大利亚政府官方网站：National Heritage Places – HMS Sirius，http：//www. environment. gov. au/heritage/places/national/sirius.

督还和皇家海军陆战队一起派遣天狼星号舰船带着罪犯一道将供应运送到诺福克岛，希望岛上的条件更有利于自给自足和减轻对政府供应的压力。同时天狼星号前往中国为该殖民地购买急需的物资。天狼星号在诺福克岛斯劳特湾的金斯敦码头东南沉没于风暴之中。

失去天狼星号对于在危机期间发生的新殖民地来说是一场灾难。尽管天狼星号失去了，菲利普总督决定将士兵和囚犯转移到诺福克岛，事实证明这是正确的，终于等到英格兰的进一步供应和内陆农业努力获得成功，确保了殖民地的生存。

（三）皇家海军悉尼Ⅱ号（HMAS Sydney Ⅱ）①

皇家海军悉尼Ⅱ号和德国巡洋舰鸬鹚号（HSK Kormoran）及相关残骸区的沉船相距22公里，距离卡纳文（Carnarvon）西南290千米，位于西澳大利亚海岸，海拔2500米。

1941年11月19日，皇家海军悉尼Ⅱ号在西澳大利亚海岸与德国袭击者巡洋舰鸬鹚号的一场战斗中沉没，皇家海军悉尼Ⅱ号是当时澳大利亚最著名的战舰，这场战斗将这些战舰的故事永远地联系在一起。

鸬鹚号满载8736吨，主火力6门150毫米炮；悉尼Ⅱ号标准排水量7200吨、满载8940吨，主火力4座双联150毫米火炮，分类为辅助巡洋舰，1941年11月19日，悉尼Ⅱ号离开西澳大利亚，于下午发现一艘商船以14节航速快速向北航行，悉尼Ⅱ号以25节航速追上进行拦截。逐渐靠近后以信号灯和旗语要求对方停船，这艘"商船"正是鸬鹚号，德国人并不知道通信暗号，于是突然开火。悉尼Ⅱ号予以还击，但第一轮炮击部分没有命中，而仅有的命中又直接穿过了对方上层建筑，没有造成什么伤害；而鸬鹚号的第一轮炮击则击毁了悉尼Ⅱ号舰桥和火炮指挥塔，同时损坏了前部炮塔。悉尼Ⅱ号第二轮炮击摧毁了鸬鹚号一门火炮，对轮机舱造成一定损坏，并且造成一个油舱起火。而另一边鸬鹚号继续进行猛烈的炮击，破坏了悉尼号的又一座炮塔，同时发射了一枚鱼雷，命中悉尼号舰艏，使悉尼号舰艏下沉，失控左转。悉尼Ⅱ号已经航速降低，后部炮塔由于方向问题无法射击，而副炮又射程不够。鸬鹚其后脱离接触，而悉尼号

① 参见澳大利亚政府官方网站：National Heritage Places - HMAS Sydney Ⅱ, http：//www. environment. gov. au/heritage/places/national/Sirius - hhs - sydney.

虽然航速大为降低，但一直试图顺着鸬鹚号的烟雾追踪。① 夜间悉尼号沉没，舰艇撕裂；皇家海军悉尼Ⅱ号的悲惨损失以及其整个船员 645 人的遇难仍然是澳大利亚最严重的海军灾难。战斗结束后，鸬鹚号也爆炸沉没，80 多名德国船员死亡。2008 年对这些船只的发现和检查有助于揭示澳大利亚最持久的海上谜团之一。

皇家海军悉尼Ⅱ号和德国巡洋舰鸬鹚号的沉船遗址与澳大利亚社区有着特殊的联系。对于那些因战斗而死亡的海军、空军和文职人员的家人和朋友而言，这种联系尤为强烈，因为这些地点是他们最后的长眠之地。为此，悉尼建立了永久纪念馆，船员纪念馆于 2001 年在西澳大利亚的杰拉尔顿完成。纪念碑位于斯科特山的高处，俯瞰印度洋，朝向两艘轮船战斗并被摧毁的地方。

皇家海军悉尼Ⅱ号和德国巡洋舰鸬鹚号于 2011 年 3 月 14 日被列入国家遗产名录。

三　澳大利亚海洋文化联邦遗产

英联邦遗产名录是澳大利亚政府拥有或控制的土著、历史和自然遗产名录，其中包括与国防、海上安全、通信、海关和其他政府活动相关的地方。这些活动也反映了澳大利亚作为一个国家的发展。目前，澳大利亚共有注册在案的联邦遗产 388 处，其中首领地地区有 82 处，新南威尔士州130 处，北领地 21 处，昆士兰州 31 处，南澳大利亚州 11 处，塔斯马尼亚州 19 处，维多利亚州 40 处，西澳大利亚州 19 处，海外领地 43 处。②

（一）新南威尔士州③

凭借其崎岖的海岸线和大型内陆河流，新南威尔士州拥有非凡的海洋遗产。该州有 1800 艘历史悠久的沉船，包括第一次世界大战的战列巡洋舰，澳大利亚 HMAS（1910—1924 年），日本 A 型小型潜艇、M24（1942

---

① 参见百度百科资料《伪装巡洋舰》：https：//baike. baidu. com/item/% E4% BC% AA% E8% A3% 85% E5% B7% A1% E6% B4% 8B% E8% 88% B0/22217367.

② 参见澳大利亚政府官方网站：Heritage，http：//www. environment. gov. au/cgi－bin/ahdb/search. pl? mode = search_ results；list_ code = CHL；legal_ status = 35.

③ 参见澳大利亚政府官方网站：Features，https：//www. environment. nsw. gov. au/MaritimeHeritage/features/index. htm.

年）、苏格兰快船、殖民船、蒸汽船和港口船等。其他海上基础设施包括的遗址有港口、造船厂、海岸防御、灯塔和墓地。

1. 沿海防御系统建设

杰克逊港和英格兰之间有着较长的航行路线，在突然发生海军威胁的情况下，殖民地无法发送消息并等待回复，因此发展当地的防御迫在眉睫。第一次防御来自欧洲国家的突然袭击，这些国家正在与英格兰竞争建立新殖民地而与英格兰交战。从第一舰队船只卸下的枪支被用来提供炮兵保护。到今天，这里仍有很多关于沿海防御的提醒。包括枪支电池、杂志、住宿区、隧道、瞭望台和水下防御。它们是澳大利亚防务历史和前景的重要记录。

2. 海底沉船

新南威尔士州的海岸和河流遍布着历史悠久的沉船遗址。崎岖的海岸、沿海珊瑚礁、海角、岛屿和危险的河口造成近 1800 次航运损失。损失的数量也反映了沿着新南威尔士的海岸线和内陆河流，有来自州际和海外的大量航运。沉没的船舶类型包括巨大的方形帆船、小型开放式切割船、客运蒸汽船、滑行船、驳船、港口船以及潜艇。它们的详细信息经常在官方登记簿、日志和报纸上找到，但这些记录有时不完整或丢失。对沉船遗址，货物和其他人工制品的考古研究有助于完成这些记录。与许多其他考古遗址不同，我们能够通过研究知道沉船成为海底或河床的一部分的确切时刻，这为学习和科学考察提供了特殊的机会，它们就像海底的博物馆一样丰富。

3. 灯塔和港口

灯塔是海洋生物的有力象征，它们代表着海上的危险、良好航行的必要性以及船员和灯塔管理员保持良好瞭望的重要性。在暴风雨中，一个熟悉的灯塔位置能够为许多旅行者和船长带来极大的安慰。今天，灯塔的作用已被无线电和卫星通信所取代。现在它们已成为重要的旅游目的地，用以俯瞰壮观的海岸风光。

4. 港口和海关大楼

今天，新南威尔士的沿海贸易几乎消失。而它在历史上的地位仍然可以在码头、破墙、疏浚渠道、系泊设施、滑道、码头、造船场和导航设备中看到。许多历史悠久的区域，如前造船厂、码头和停泊设施，至今仍然可以参观。

海关大楼的建立是为了征收货物的关税。它们是为进行海上贸易而建造的一个重要建筑，由 James Barnet 等著名建筑师设计。

5. 海难墓地

悉尼邓巴（Dunbar）残骸受害者墓地的一场追悼会使得这一处 1857 年的残骸海滩墓地被人们记住。

6. 鱼类陷阱和捕鱼器

鱼类陷阱对土著居民具有重要意义，它们既体现了土著的顽强精神，也和当地其他文化相关联。那些使用和建造鱼类陷阱的人一般都擅长工程（干石墙）、河流水文学和鱼类生物学。鱼类陷阱仍然是一种轻微的提醒，它提供了一种有助于形成景观的生活方式。捕鱼器以多种形式存在，包括数百米长复杂排列的石墙，它们通常建在潮汐湖泊和河流的浅水区域。土著民族已经在这个海岸生活了数千年。强大的原住民海洋传统包括捕鱼和捕捞贝类鱼类，使用独木舟、钓鱼线、鱼钩、长矛和鱼类陷阱等。

（二）北领地①

北领地（NT）的海洋遗产包括但不限于以下所有内容：原住民占领新界海岸线，从今天的印度尼西亚航行的马卡桑人的到访证据，沉船、潜水飞机和潜艇，在欧洲定居期间建造的码头，灯塔以及水下历史基础设施（如电报电缆）。

北领地海上遗产的一个独特之处是它的第二次世界大战沉船。由于 1942 年 2 月 19 日在澳大利亚进行的首次日本空袭，以下所有船只都在达尔文港沉没：英国驾驶人号（British Motorist）、海雀号（Kelat）、莫纳罗号（Mauna Loa）、梅格斯联邦星舰（USS Meigs）、海王星号（Neptuna）、皮尔里（USS Peary）、齐兰迪亚号（Zealandia）。这些沉船大多数在 20 世纪 50 年代末至 60 年代初被一家日本打捞公司打捞上来。所有残骸现在都受到遗产法的保护。

1942 年 2 月 19 日，唐伊西德罗（Don Isidro）和佛罗伦萨 D 号（Florence D）都被日本飞机击沉在达尔文北部巴瑟斯特岛附近，佛罗伦萨 D 号的残骸于 2009 年被发现，战争期间在海上失踪的其他船只和飞机

---

① 参见北领地政府官方网站：Boating, fishing and marine, https：//www. nt. gov. au/ marine.

仍未定位到；1942 年 1 月 20 日，日本潜艇 I—124 的残骸与所有船员一起坠毁，坠毁地位于新界海岸附近；1974 年圣诞节前夕，当飓风特雷西袭击达尔文时，71 人丧生，其中 16 人在海上丧生，在飓风特雷西中失踪的两艘船博雅号和达尔文公主号一直是一个谜，直到 2003 年 10 月才在达尔文港发现了博雅号的残骸，2004 年 5 月发现的达尔文公主号的残骸位于离博雅不远的地方。

（三）昆士兰州①

自 18 世纪以来，据统计有超过 1400 艘船在昆士兰海岸线上失事。这些沉船中的每一个如今都成为一个不可替代的考古遗址，向我们诉说着过去几代昆士兰人和其他到访过昆士兰海岸的人的生活。目前，经打捞上来的沉船具有较大价值的包括永卡拉号（Yongala）、圣保罗号（St Paul）、奥胡斯号（Aarhus）、苏格兰王子号（Scottish Prince）、格蕾丝达琳号（Grace Darling）、哥德堡号（Gothenburg）、鲍文夫人号（Lady Bowen）等。

1911 年 3 月 23 日下午 1 点 40 分，永卡拉号离开麦凯前往汤斯维尔。据官方统计，船上有 29 名乘客、19 名轿车乘客和 73 名（包括船长）船员。5 个小时后，船只经过降灵岛通道的登特岛上的灯塔，驶入一个环境恶化的地方，船上没有收音机，船长对即将到来的飓风几乎没有察觉，这是永卡拉最后一次被目击到。1947 年，澳大利亚皇家海军找到了一艘沉船，直到 1958 年才被正式确定为永卡拉号。

（四）南澳大利亚州②

南澳大利亚的一些历史沉船就位于该州的海岸和内陆水道上。其中包括 70 多艘沉船，这些沉船有 19 艘被确定，并安置在船舶墓地中。陆地上的其他海洋文化历史遗迹在周围水域的运作中也起着重要作用，如灯塔、码头和捕鲸站。

南澳大利亚洲通过区域调查和社区信息确定水下和陆基海洋文化遗产地。区域调查确定了联邦和州水域的沉船，并由该部门的海事考古学

---

① 参见昆士兰州政府官方网站：Explore Queensland's historic underwater heritage，https：//www. qld. gov. au/environment/land/heritage/archaeology/maritime.

② 参见南澳大利亚政府官方网站：Acknowledgement of Country，https：//www. environment. sa. gov. au/our - places/Heritage/maritime - heritage/visitingshipwrecks/shipwreck - trails.

家进行。该地区沿着南澳大利亚海岸和默里河建立了九条沉船小径。通过这些小径可以探索船只的墓地及其废弃的船只。每个沉船遗址旁边的小径都有解释性标志，这些标志阐述了船只的历史和考古意义，并讲述了船只所在地区的故事。以便人们加深对该州海洋历史事件的深入了解。

（五）塔斯马尼亚州①

作为一个殖民地岛屿到后来成为澳大利亚联邦州，塔斯马尼亚从根本上一直是依赖航运服务并将其与外界联系起来。然而，在被称为"咆哮的四十年代"（roaring forties）的连续飓风中，塔斯马尼亚周围的水域对水手来说是危险的。自1797年悉尼湾船舶残骸被发现以来，迄今已有大约1000艘各种规模的船只在塔斯马尼亚海域失踪。目前有不到10%的沉船沉没位置已知，这些遗址是塔斯马尼亚州海洋文化遗产的重要组成部分，也是过去历史留给塔斯马尼亚洲的独特礼物。虽然许多沉船只能被合格的潜水员参观，但也能在海边或潮汐区看到相关的材料。许多沉船遗址经常多年未被定位或未受干扰，并且由于在水下环境中，一些自然的衰变和分解过程会停止或显著减慢。沉船遗址是时间胶囊，它们打开了塔斯马尼亚州的历史窗口。

目前，塔斯马尼亚发生已确定的11搜沉船包括：悉尼湾号（Sydney Cove）、卡塔拉基号（Cataraqui）、利色兰号（Litherland）、婆罗门号（Brahmin）、剑桥号（Cambridgeshire）、布里号（Bulli）、塔斯曼号（Tasman）、斯文诺号（Svenor）、诺德号（Nord）、奥塔格号（Otago）、警报号（Alert）。

（六）维多利亚州②

维多利亚拥有丰富多样的海洋文化遗产，反映了整个州的定居、发展、成长和变化情况。其遗产类型非常多样化，包括：历史沉船、历史悠久的沉船文物、沉没的飞机、码头、导航结构、造船厂、海洋景观、海上防御基础设施等。

---

① 参见塔斯马尼亚州政府官方网站：Shipwrecks of Tasmania，https：//www. parks. tas. gov. au/index. aspx? base = 1729.

② 参见维多利亚州政府官方网站：Shipwrecks and Maritime Archaeology https：//www. heritage. vic. gov. au/archaeology – and – shipwrecks/shipwrecks – and – maritime – archaeology.

2017 年《维多利亚遗产法案》和 2017 年《遗产条例（水下文化遗产）》主要保护在封闭水域（如州内的海湾、河流和湖泊）中发现的沉船。1976 年英联邦历史沉船法案（目前正在审查中）则保护位于这些区域之外的沉船。

（七）西澳大利亚州①

位于西澳大利亚州沉船博物馆的海事考古部门主要研究来自西澳大利亚海岸的沉船。其工作人员参与开发人工制品管理和编目策略，编制外展和残骸访问计划，现场检查技术以及其他各种海事地点的研究，如铁船考古和水下航空考古。

从西澳大利亚海岸发现的历史沉船中收集和保存考古材料是西澳大利亚沉船博物馆建立的初衷，该博物馆是世界上为数不多的博物馆之一，专门关注海洋考古材料的保存和展示。馆藏沉船系列可追溯到 17 世纪初至 19 世纪末，它为澳大利亚西海岸的英国、葡萄牙、荷兰和美国海员的早期存在提供了切实的证据。

这些早期存在的最著名的沉船有"试验号（Trial）"（1622 年），"巴达维亚号（Batavia）"（1629 年），"费居德·德雷克号（Vergulde Draeck）"（1656 年），"Zuytdorp 号"（1712 年），"泽维克号（Zeewijk）"（1727 年），"速度号（Rapid）"（1811 年）和"世界人权号（Correio da Azia）"（1816 年）。此外，还有一个重要的研究收集：涉及与英国殖民西澳大利亚和国家发展的航运活动有关，如 1841 年破坏的前奴隶船"詹姆斯马修斯号"（James Matthews），1898 年的铁血管"乌贼墨号"（Sepia），和 1872 年的"黄耆号"（SS Xantho）。

第二节　海洋文化遗产管理举措

澳大利亚的遗产类型和样态是独特的，其独特在于她是一个由众多原住民和来自近 200 个国家移民组成的复杂而多样性极其丰富的国家，因此澳大利亚的文化是多元性的，对海洋文化遗产的管理也是复杂多样的。

---

① 参见澳大利亚政府官方网站：Maritime Archaeology, http：//museum. wa. gov. au/research/research – areas/maritime – archaeology.

一　法律法规体系建设与管理

根据澳大利亚联邦宪法，联邦政府仅负责其权属内的土地管理，对各州、领地土地并无直接管辖权，其他 6 个州和 2 个领地都是自行管理土地。除领地遵从联邦政府制定的环境保护和生物多样性保存法案外，各州均制定了自有保护地法案。[①]

二　管理机构

联邦政府和各州均有独立的保护地管理机构，对其权属内的保护地依法监管。联邦制政体决定了联邦政府和各州、领地政府的保护地管理机构之间是一种平行而非隶属关系。政府之间通过签订协议，建立某些保护地的管理和科研合作关系。[②]

三　规划体系

就单个保护地而言，相关规划文件主要分为管理规划（Management Plan）和次级规划（Subsidiary Plan）两大层次；再往下细分，有行动计划（Action Plan）或工作计划（Work Program）等。其中，具有法定地位的管理规划是保护地管理的核心文件。次级规划无法定地位，是针对保护地某一议题或某一受威胁要素，在管理规划指导下制定的规划文件。[③]

四　澳大利亚世界遗产管理框架

通过对澳大利亚法律法规和各遗产地的规划文本等资料进行研读，以澳大利亚本国保护地管理体系为基础，以法律法规、管理主体与机制、规划体系三个层面为视角来考察澳大利亚世界遗产的管理框架，就能清晰地看到其实澳大利亚并没有以全国统一的规划规范和管理范式来管理其世界自然遗产地，而是在原本已健全的本国遗产地保护管理体系的基础上进行

---

① 贾丽奇：《澳大利亚世界自然遗产管理框架研究》，《中国园林》2013 年第 9 期，第 20—25 页。

② 同上。

③ 同上。

的完善和补充。①

第四节　澳大利亚遗产保护利用对我国的启示

一　遗产立法保护

澳大利亚在遗产立法方面积累了丰富的经验，他山之石，可以攻玉，澳大利亚遗产法律体系的构建对中国具有现实的借鉴意义。

对于中国这样一个历史悠久、疆域辽阔、民族众多的遗产大国，运用法律手段进行遗产保护和管理是我国当前面临的一项紧迫任务。经过30年的发展，我国已经初步建立了遗产保护与管理的国际公约——国家法律法规——地方政策法规三级法律框架。但相对于全国申报遗产的热潮来说，我国遗产保护与管理的立法建设和法律实施都是滞后的，缺乏专门的"遗产法"，法律体系有待完善；法律的可操作性有待加强；法律的制定和实施也需要利益相关者和广大公众的实质性参与等。②

二　遗产管理体系③

面对国家立法难以短期实现，理顺管理体制又有很多困难的现实，如何协调好遗产地不同利益相关者的关系，成为我国遗产保护和利用可持续发展的关键。

澳大利亚的大堡礁是最大的世界遗产，也是世界最大的海洋保护区、最大的珊瑚礁区，在利用的同时保护好大堡礁世界遗产具有极大的挑战性。如果没有严密完整的管理计划指导，大堡礁的日常管理和长期管理、大堡礁的保护和利用就不会取得成效。

旅游者的行为需要引导和管理，让他们具有"保护责任"意识，在旅游过程中自觉采取保护行动。大堡礁海洋公园对游客引导和管理的措施

---

① 贾丽奇：《澳大利亚世界自然遗产管理框架研究》，《中国园林》2013年第9期，第20—25页。

② 李永乐：《澳大利亚遗产立法及其对我国的启示》，《理论与改革》2007年第3期，第128—131页。

③ 邓明艳：《国外世界遗产保护与旅游管理方法的启示——以澳大利亚大堡礁为例》，《生态经济》2005年第12期，第76—79页。

值得借鉴。

　　设计旅游者能方便参与的保护项目。旅游者参与到保护项目中来，能使世界遗产的保护更加严密。通过旅游者亲自参与保护项目，能够变被动教育为自我教育，促使旅游者真正建立起保护责任意识，使旅游过程变得有趣而有意义。

第六章　海洋文化产业

第一节　休闲渔业

澳大利亚是世界上的海洋大国之一，休闲渔业是人民生活和社会经济的重要组成部分。休闲渔业既有重大的经济贡献，更有强大的社会意义。它有利于增强体质和健脑健身，有利于病人医疗康复，还有利于培育青少年的自律能力和社交能力，更有利于构筑和谐的家庭关系。根据统计，澳大利亚休闲渔业对社会每年提供约 9 万个就业岗位。澳大利亚的休闲渔业除了一般费用支出外，每年用于渔具和钓具上的支出为 6.5 亿澳元，用于与休闲渔业相关的车辆、船只、食宿和交通上的支出则高达 25 亿澳元。综合考察澳大利亚休闲渔业发展政策与管理制度，了解澳大利亚各级政府和民间组织的实施战略与管理措施，将有助于促进我国休闲渔业的合理展开。[①]

一　澳大利亚联邦政府注重对休闲渔业的宏观领导

尽管澳大利亚联邦政府并不承担休闲渔业的日常管理责任（除了为履行国际义务而监管某些特定休闲渔获品种之外，如南方蓝鳍金枪鱼等），而交由各州和领地政府对本辖区内的休闲渔业直接监管，但是澳大利亚联邦政府对休闲渔业的可持续发展起着决定性的领导作用，由它确立了最高层次的管理构架。[②]

[①]　孙吉亭、王燕岭：《澳大利亚休闲渔业政策与管理制度及其对我国的启示》，《太平洋学报》2017 年第 9 期，第 78—86 页。

[②]　同上。

第一，澳大利亚管理休闲渔业的最高政府机构为澳大利亚农业及水资源部，负责制订和实施休闲渔业政策及管理框架。

第二，成立"澳大利亚休闲渔业"（Recfish Australia）组织，作为代表全国休闲渔业者利益与政府对话的最高民间组织，旨在为全澳休闲渔业者搭建一个与政府沟通的平台，帮助他们在休闲渔业与运动渔业资源的可持续性管理方面向政府提出自己的意见。

这一组织成立于1983年，原名为"澳大利亚休闲与运动渔业联合会有限公司"，1995年更为现名。该组织内含诸多机构，包括澳大利亚全国运动渔业协会，北领地业余渔人协会，昆士兰州淡水渔业与渔业资源协会，新南威尔士州休闲渔业顾问委员会，西澳大利亚州休闲与运动渔业委员会，塔斯马尼亚休闲渔业协会，维多利亚州休闲渔业高峰组织，澳大利亚水下联合会—潜水叉鱼委员会，新南威尔士州休闲渔业联盟，水下徒手潜水员与渔人协会以及专业渔业教练与导钓员协会等。

第三，联邦政府和渔业行业共同出资成立了"渔业研究与开发有限公司"（Fisheries Research & Development Corporation），成为全国最高的战略研发实体。它成立于1991年，是法人机构，直接向联邦农业及水资源部负责，在全国渔业科研项目的规划、投资、实施、评估和监管方面起协调和领导的作用，并根据科研项目的评估结果为政府调整政策提供科学依据。"渔业研究与开发有限公司"又下设"休闲渔业研究"（Recfishing Research），作为国家级专门研究机构。该机构聘请数位对于休闲渔业有着较深了解、具备较强的吸引研究基金能力和促进研究成果转化能力的业内专家，组成专家指导委员会，并通过他们与各级政府部门和相关行业保持紧密的联系，对全国性和跨区域研究项目的优先顺序、立项筛选、资金投入、技术支持、项目管理、成果评估及成果推广提供战略性的专家意见，以便更好地开展全国性及跨区域性的休闲渔业科研项目，推广科研成果的实际运用。[①]

第四，2008年政府成立了"休闲渔业顾问委员会"（Recreational

---

① 孙吉亭、王燕岭：《澳大利亚休闲渔业政策与管理制度及其对我国的启示》，《太平洋学报》2017年第9期，第78—86页。

Fishing Advisory Committee），由其负责于 1994 年重新审议出台的全国休闲渔业政策，制订适应新形势的全国休闲渔业发展战略。①

二　制订全国性的行业准则和发展战略

澳大利亚联邦政府于 1994 年首次制订了全国统一的休闲渔业政策，突出强调渔业资源的健康发展对于社会、经济和文化的可持续发展的重要意义。随后在澳大利亚"休闲渔业研究"的提议和联邦政府的支持下，于 1996 年正式出台了澳大利亚首部《全国休闲渔业与运动渔业行为准则》（*A National Code of Practice for Recreational & Sport* Fishing），后又经过 2001 年、2008 年和 2010 年的评审与修订，成为适用于全澳所有休闲渔业活动的参与者、休闲渔业组织代表、休闲渔业行业、渔业媒体和渔业代言组织的行为准则。②

进入 21 世纪后，澳大利亚大部分地区的长期干旱和气候变化对休闲渔业产生了很大影响。一方面，内陆水域管理措施的加强和海洋保护区的扩大，缩小了当地休闲渔业的区域范围和规模；另一方面，参与休闲渔业的活动者通过参与各种合作管理项目，提高了保护渔业资源和水生环境的意识，增强了自我约束的自觉性。

因此应运而生的"休闲渔业顾问委员会"在由"澳大利亚休闲渔业"举办的休闲渔业大会上，与参会的休闲渔业者、政府机构及相关行业代表共同审议了 1994 年的休闲渔业政策。根据审议意见，休闲渔业顾问委员会制订了《澳大利亚休闲渔业——2011 年及未来：全国休闲渔业行业发展战略》（*Recreational Fishing in Australia*——2011 *and beyond*：*A National Industry Development Strategy*），其核心内容是协调和调动参与休闲渔业的所有个人、机构和组织的力量，使休闲渔业在全国各州和领地和谐发展，让全体国民都能公平享受健康多样的、具有可持续性的休闲渔业带来的诸多好处。③

---

① 孙吉亭、王燕岭：《澳大利亚休闲渔业政策与管理制度及其对我国的启示》，《太平洋学报》2017 年第 9 期，第 78—86 页。

② 同上。

③ 同上。

三　强调休闲渔业在社会、经济和文化，以及资源环境保护方面的重要性[①]

无论是《全国休闲渔业与运动渔业行为准则》，还是《澳大利亚休闲渔业——2011年及未来：全国休闲渔业行业发展战略》中，均阐明了休闲渔业在社会、经济和文化方面具有共同的重要意义，以及保护渔业资源环境的必要性。

《全国休闲渔业与运动渔业行为准则》（以下简称《准则》）从人道地对待鱼类、关爱渔业、保护环境、尊重他人之权利等四个方面强调渔业行业的责任。以这四项责任为指导方针，《准则》提出14条具体原则，要求全体休闲渔业从业者及时并合法地放生多余和非法的渔获；及时并人道地处理留作食用的渔获；使用合法并适宜的捕钓器具；把渔获数量控制在合理所需之内；支持并鼓励一切保护、恢复和促进渔业发展与水生资源的活动；自觉遵守各项渔业法规；举报违规行为；主动清理垃圾；杜绝并举报污染环境和破坏环境的现象；保护野生环境和物种；避免与野生物种不必要的接触；尊重内陆和海岸水系的使用者；非获准许不得进入私人和原住民传统领地；保护自己及他人安全。"澳大利亚休闲渔业"组织通过推广《准则》，以行业代表的身份向全社会发出呼吁，明确提出了全行业对于休闲渔业可持续发展所持的立场和原则。[②]

《澳大利亚休闲渔业——2011年及未来：全国休闲渔业行业发展战略》（以下简称《发展战略》）通过提出行业基本原则，来引导健康有序的休闲渔业活动。

第一，阐明休闲渔业活动是有利于澳大利亚人民和全社会健康与福祉的合法活动，支持休闲渔业捍卫本行业的利益，主张管理措施的实行要以充分的科学、生态、社会和经济方面的调研为基础，休闲渔业参与者应与政府分担监管义务和费用，共同促进休闲渔业的发展。在渔业资源的分配使用方面，要求兼顾社会、经济和文化等各方面的利益，鼓励

[①] 孙吉亭、王燕岭：《澳大利亚休闲渔业政策与管理制度及其对我国的启示》，《太平洋学报》2017年第9期，第78—86页。

[②] 同上。

休闲渔业参与者在一切活动中都遵纪守法。行业基本原则反复重申，健康负责的休闲渔业对社会和经济具有巨大贡献，对中小学校教育具有特殊意义。

第二，申明美好的环境对于休闲渔业和水产资源的可持续发展具有重要意义，面对气候变化带来的种种挑战，强调广大休闲渔业活动参与者要和政府机构密切协作，发挥积极的作用。

第三，提出从事休闲渔业活动者应参与有关休闲渔业的决策过程，为渔业资源管理贡献自己的力量。

在《发展战略》中也提出了行业发展目标，主要体现在两个方面：

其一，造福社会、关爱环境和共享资源。休闲渔业的发展旨在提高澳大利亚各阶层人士的身体健康和心理健康水平，促进社会和谐与安定；休闲渔业者与澳大利亚政府、原住民、商业渔业行业、环境保护团体及全社会携手共建澳大利亚的水生环境，积极参与渔业监管、科研和评估，促进生态保护；鼓励休闲渔业活动参与者和休闲渔业组织放眼未来，参与调研、监管和生态保护活动，使用环保渔具，安全垂钓，限量捕捞；捍卫休闲渔业的合理、合法权益，倡导在有科学依据的基础上，公平、公开、公正地分配渔业资源，开放渔区，争取工商界和地方政府的支持，消除自然和人为障碍，普及专业常识和环保知识，提高安全意识，扩充城乡可用资源，扩大参与人群，吸引妇女和儿童，营造蓬勃发展的休闲渔业。

其二，统计建库，推动使用全国统一的调查统计方案和分析方法。整合各州和领地现有及未来统计资料，建立国家级权威数据库，为准确衡量休闲渔业的社会和经济价值，及时评估渔业资源状况和监管绩效提供依据。

总之，澳大利亚联邦政府对于休闲渔业秉持支持态度，积极引导。保护生态环境，保护渔业资源的可持续健康发展，扩大休闲渔业资源，提高休闲渔业在社会生活中的整体地位，加强公众教育和行业规范。①

---

① 孙吉亭、王燕岭：《澳大利亚休闲渔业政策与管理制度及其对我国的启示》，《太平洋学报》2017 年第 9 期，第 78—86 页。

第二节　海洋文化旅游业

澳大利亚是世界上最大的海岛，漫长的海岸线造就了独特而丰富的旅游资源，除闻名遐迩的世界自然遗产大堡礁、艾尔斯岩（乌鲁鲁）及卡卡杜国家公园之外，还有浩瀚的沙漠、广袤的原野、苍翠的山岚、白雪皑皑的山峰、绵羊遍野的牧场、神秘的土著文化、独特的地质遗迹、迷人的热带雨林以及引人入胜的海滨沙滩。此外，悉尼、墨尔本等城市在每年的世界最佳居住城市评选中名列榜首。加上澳大利亚大陆大部分地区属热带、亚热带，气候温和，季节与北半球正好相反，使澳大利亚成为四季皆宜的旅游观光目的国家，每年都吸引大批国内外游客，旅游业迅速成为澳大利亚的最重要经济支柱之一。在澳大利亚旅游业的发展中，海洋文化相关的旅游业撑起澳大利亚旅游的大半边天。

一　澳大利亚海洋文化旅游产业现状

1967 年，澳大利亚自由党总理哈罗德·霍尔特（Harold Holt）主导创建了澳大利亚旅游委员会（ATC），旨在为澳大利亚吸引国际游客。委员会成立之初每年只有 22.2 万名国际游客到澳大利亚旅游，总消费 7400 万澳元。2017 年的旅游业数据再次打破纪录，超过 800 万的海外游客前来澳大利亚旅游，总消费超过 400 亿澳元，同时参观澳大利亚各州和地区的国内游客数量出现了增长。澳大利亚人喜欢在国内旅游，并且用钱包"投票"，相关旅游花费创出 598 亿澳元峰值。旅游促进了澳大利亚就业率的增长，直接关联 58 万个工作岗位，5% 的澳大利亚人目前的工作与旅游业直接相关，包括住宿、航空和观光行业。[①]

二　全方位打造海洋文化旅游

2003 年发布旅游白皮书之后，联邦旅游机构——澳大利亚旅游局成立。澳大利亚的景点清单日臻完善，已完全巩固了在游客心目中不二之选的地

---

① 《2017 年中澳旅游年 澳洲旅游业 50 年里蓬勃发展产业价值已达千亿澳元》，中国产业信息网：http://www.chyxx.com/difang/201711/580337.html。

位。从烧烤现场保罗·霍根（Paul Hogan）抛起一只虾，到劳娜·宾格尔（Lara Bingle）发出一声惊叹"我的天哪"，这一系列声名在外的广告都完美诠释了澳大利亚的美景和美食。① 博物馆、美术馆、历史和土著遗迹、表演艺术以及音乐会等内容广泛的文化资产发挥着教育、娱乐和充实游客体验的作用。

悉尼、墨尔本、珀斯等城市和北昆士兰（Tropical North Queensland）、阳光海岸（Sun - shine Coast QLD）、皮特曼（Petermann，NT）诸地区已成为澳大利亚最主要的文化旅游地。澳大利亚的建国史不过百余年，西方殖民史 200 余年，土著定居的时间不超过 5 万年，其历史、文化资源谈不上丰厚，本以享誉世界的自然景观闻名于世，但却很快被认可为一个文化多样性的旅游目的地，拥有众多散布于各地的文化旅游吸引物。②

第三节　公共海洋文化事业

随着人们对海洋文化利益需求的日益增加，公共海洋文化产品和服务的内容与形式也不断丰富。纯公益性海洋文化产品和服务，是需要完全由政府和相关事业单位来提供的，包括海洋文化管理的公共政策和顶层设计类，诸如公共海洋文化服务保障法律法规体系、海洋文化发展规划纲要、海洋文化管理体制、海洋文化遗产保护政策、海洋文化建设战略体系等；也包括海洋文化权益和安全类，诸如海洋文化版权和产权保护、海洋文化传承和保护、海洋文化价值观念安全、海洋文化公共网络安全、海洋文化产业发展的安全等；以及海洋文化基础设施与服务类，诸如海洋文化和海洋意识教育普及、海洋文化遗产修复与保护工作、海洋文化博物馆和公园的建设等。

一　澳大利亚的海洋博物馆③

在澳大利亚，海洋博物馆包括一些大型的网络组织，如澳大利亚博物

---

① 《澳大利亚旅游业 50 年辉煌发展路　千亿元产业崛起》，http：//stock. eastmoney. com/news/1699，20171107799448091. html.

② 贾鸿雁：《澳大利亚文化旅游发展及其启示》，《商业研究》2013 年第 1 期。

③ 参见澳大利亚国立海洋博物馆官方网站：https：//www. anmm. gov. au/about/about - the - museum。

馆（Australian Museum）、澳大利亚悉尼国立海洋博物馆、西澳大利亚海洋博物馆、塔斯玛尼亚航海博物馆等，同时还包括诸如杰维斯湾海事博物馆和伊甸虎鲸博物馆等在内的小型博物馆。[①]

澳大利亚悉尼国立海洋博物馆（又称国家海洋博物馆），[②] 国家海洋博物馆通过文物、展览和导览向游客展示各种航海、海岸、海军和文化主题。该馆也是澳大利亚海洋收藏、展览、研究和考古的国家中心，是一个多功能的综合性海洋文化公共服务场所。

该博物馆的第一个功能就是作为浮动历史船只（Floating Historical Vessels）的监护保管地。该博物馆拥有世界上最大的浮动历史船只收藏品之一，其中包括著名的库克船长的 HMB 奋进号复制品，前海军驱逐舰 HMAS Vampire，前海军巡逻艇 HMAS Advance 和前海军潜艇 HMAS Onslow。这些船只都停靠在博物馆的码头，游客可以登上船只体验生活。

第二个功能是展览和永久画廊。博物馆的永久和临时展览以及国家海事系列探索代表了澳大利亚与大海的密切联系，内容涵盖澳大利亚土著与海洋、早期移民、商业、国防、冒险、运动、游戏等。在博物馆内有 5 个永久性的展览，其主题以及所代表的含义分别为：①国家和民族：澳大利亚的象征；②地平线：自 1788 年来所有的澳大利亚人民；③永恒：来自澳大利亚动人的故事；④缠结的命运：澳大利亚的土地和它的人民；⑤最早的澳洲人：澳大利亚土族人和陶瑞斯（Torres）海峡岛屿上的居民。这些展览以惊人的方式连接到澳大利亚的海上过去和现在。在这里，你可以看到：《航海家》（Navigators）——追寻数千年来在澳大利亚沿海航行的一代又一代海员和定居者的足迹；《最早的欧拉人》（Eora First People）——探索土著人和托雷斯海峡岛民（Torres Strait Islander）与大海的深厚联系；《水中印记》（Watermarks）——探索澳大利亚海滨文化体现的对水的热爱。《海军》（Navy）——在战争与和平年代，澳大利亚皇家海军（Royal Australian Navy）在陆上、空中和海底

---

① 参见澳大利亚国立海洋博物馆官方网站：History of the Museum，https：//www. anmm. gov. au/about/about – the – museum/history – of – the – museum。

② 参见澳大利亚国立海洋博物馆官方网站：What We Do，https：//www. anmm. gov. au/about/about – the – museum/what – we – do。

展现的飒爽英姿。

第三个功能是学校教育和大学生。该博物馆提供 30 多个研讨会和多个课程区域,由合格且经验丰富的教师指导管理,研讨会可以启发想象力和实践经验,适合从一年级到大学一年级的学生。远程和区域学校可以通过最新的数字技术参加。

第四个功能是将博物馆连接到所有澳大利亚人。博物馆与悉尼、州际和澳大利亚地区以外的观众联系,通过多样化的巡回展览让地区和社区有机会观看和了解国家海事收藏背后的迷人故事。

第五个功能是沉船复制品的体验旅行。奋进号定期在澳大利亚海岸航行,可以让澳大利亚人和学童直接进入这艘重要的船只。奋进号已经访问了许多偏远和区域性的澳大利亚港口,甚至在 2012 年完成了为期 13 个月的环球航行。

第六个功能是策展人和专家服务。博物馆技术精湛的团队由许多领域的专家组成,包括保护员、策展人、海事考古学家、注册商、行政人员、船员、设计师、图书管理员和教育专家等。这些策展人和专家也在社区中发挥关键作用,通过协助较小地区的博物馆和社区组织在全国范围内维护区域海洋遗产收藏。

第七个功能是提供补助金和实习机会。博物馆的澳大利亚海事博物馆项目支持计划是一项社区文化补助计划,旨在协助和支持澳大利亚各地的社区与非营利组织关注其海洋遗产。该计划提供多种类别的赠款,包括收集管理、保护、介绍、教育或公共计划的发展,以及非营利组织的有偿或无偿工人在照顾海事收藏方面的培训。

第八个功能是场地租用。博物馆有 8 个场地可供公司活动、婚礼和特殊场合租用。通过租用场地可以欣赏迷人的海港景色、悉尼闪闪发光的天际线和独特的活动体验。

二　澳大利亚的海洋教育

澳大利亚各级海洋教育的推展事实上结合政府、教师会、民间与社会的综合力量而形成,也就是说,澳大利亚通过产学研以及民间团体的联手合作,共同推动各级学校的海洋教育,这些相关的组织便是澳大利亚海洋教育的主要推动主体。

（1）政府机构

第一，澳洲联邦科学与工业研究院。澳大利亚联邦科学与工业研究院（Commonwealth Science and Industries Research Organization，简称 CSIRO）始建于 1926 年，现为澳大利亚首要的国立科学研究机构，也是世界上最大、研究领域较广泛的科学研究机构之一，综合实力在世界上排名前 10 位，包含工业、农业、医疗、军事等学科，为工业、社会、环境提供科学的创新性的解决方案。该研究院也是澳大利亚拥有科学家数量最多的机构，有6500 名员工在澳大利亚和其他 57 个国家和地区开展科学研究工作，在澳大利亚的海洋教育中发挥着重要的推动作用。[①]

第二，澳大利亚海洋教育学会。该部门于 1988 年设立，其宗旨是：提供澳洲教师实施最佳的海洋教育支援，提供海洋教育的平台，提供会员教育训练、研讨会等进修活动，提供社会大众知海、亲海、爱海的活动，致力于国内外海洋教育的创意行动。会员包括了教师、资源管理者以及海洋相关的业界社会团体，协会也会制定海洋教育的预期目标。澳大利亚海洋教育学会每年都会举办全国性的海洋周活动，每次都以不同的主体来协助学校为学生和社会大众进行海洋体验教育活动，另外也会举办研讨会、出版相关教材，并通过媒体等多种渠道来宣传海洋知识，促进国民重视海洋环境。[②]

第三，澳大利亚海洋科学研究所。澳大利亚海洋科学研究所（Australian Institute of Marine Science，AIMS）是一家澳大利亚热带海洋研究中心，总部位于北昆士兰州弗格森海角，该机构于 1972 年由澳大利亚联邦成立。其主要职能是研究海洋环境的可持续利用和保护。澳大利亚海洋科学研究所是世界一流的科学和技术研究机构，负责通过创新知识来持续性对海洋环境进行保护。[③]

（2）民间海岸管理组织

1993 年，澳大利亚政府出资成立民间海岸管理与教育资源分享的

---

① 参见《澳大利亚联邦科学与工业研究院》，https：//baike. so. com/doc/1328230 – 1404203. html。

② 吴靖国：《海洋教育政策说明——走进核心素养的教育年代》，2017 全国海洋教育成果交流暨教师研习会会议论文，2017 年 11 月 3 日。

③ 澳大利亚海洋科学研究所官方网站：Australian Institute of Marine Science，AIMS，https：//www. aims. gov. au/。

"海洋与海岸社群网络"组织（The Marine and Coastal Communities Net-work，MCCN），来发展、保护和管理海洋与海岸资源，探索有效的合作方式，主要包括：建立有志于共同参与海洋与海岸社群网络的个人与团体的名单、举办海洋与海岸管理相关的议题工作室、透过报纸与网络发布海洋相关信息、每年12月举办海洋关怀日（Ocean Care Day）等。①

在政府力量和民间力量的合力推介下，澳大利亚的海洋教育受到了来自不同阶层、不同性质、不同渠道的推动和宣传，使得澳大利亚的海洋教育体系不断完善，海洋教育管理日益高效化，海洋教育成果不断推陈出新，极大地促进了澳大利亚海洋教育的发展。

第四节　其他主要海洋文化产业门类

一　澳大利亚海洋博览业

海洋博览业作为新的产业形态，包括海洋主题、相关主题会展等，是集产品交易、经济技术合作、科学文化交流于一体，兼具信息咨询、招商引资、交通运输、商务旅游等多重功能的新兴产业。博览业的最大特点，是以节会展览为载体，形成人流、物流、信息流、文化流的汇集，既可直接形成展览期间的消费，又可促进商品产销流通，还能带动新创意新产业的发展。一些重要的展览还给所在地留下永久性的独特城市建筑文化景观，使之成为重要的城市文化遗产。

澳大利亚比较大型的海洋博览业有悉尼国际船舶展览会、澳大利亚曼哲拉海洋捕鱼船及游艇展览会、澳大利亚黄金海岸综合展、澳大利亚海洋石油与天然气展览会，另外还有一些海洋科技博览会、澳大利亚墨尔本渔业博览会、澳大利亚国际海事博览会、澳大利亚太平洋国际海事展、澳大利亚海事防务展等多种形式的博览业种类。②

澳大利亚悉尼国际船舶展览会是南半球最大的海事船艇及相关物资

---

① 纪荔：《澳大利亚民间环保组织的传播策略》，《世界环境》2008年第3期，第21页。

② 根据"国际展会综合服务平台—外展网"信息整理，http://www.yshows.cn/。

交易平台，始于 1968 年，该展览会一年一届，是海事企业打开澳大利亚市场非常重要的一个平台，目前已成为公认的南半球最大的海事船艇及相关物资交易平台，是世界性大型海事展之一，为来自世界各地的相关参展企业的采购商、参观者提供了交流、合作的契机。在澳大利亚，悉尼国际船舶展在所有船舶展中保持着参观人数最多的纪录。据市场调查显示，悉尼国际船舶展的大部分参观者都有采购的目的。该展会利用了达令港的所有室内展览空间 28000 平方米，以及总长 800 米、可以容纳 305 条大艘船舶的库克湾。每年展会都迎来大批来自五湖四海的观展商。悉尼船舶展大大推动了澳大利亚乃至全世界的海事工业、产品及服务的发展。[①]

会展内容主要有三大类：[②]

（1）艇及技术设备：游艇、摩托艇、电力推进艇、水陆两用船艇、体育运动艇、游览观光船艇、脚踏艇等；高速艇及工程船艇、水翼艇、气垫船、高速客船等设计、开发及咨询服务、游艇俱乐部等。

（2）船舶制造：造船厂、修船厂，各种游轮、客轮、货轮、渡轮、专用船、特种船及其他船舶产品、船舶动力设备、甲板机械、船舶电器、造船材料、涂料、造船设备、船舶设计软件、玻璃钢船艇、船舶环保设备、船舶装饰材料、船舶仪器仪表、通讯导航设备、焊接及切割设备、材料、阀门及管系附件、船用电线电缆、船用救生与消防、潜水产品等。

（3）港口设备：吊机、起重机、动力平板运输车、挖泥设备、货物起卸台、搬运工具及辅助设备、仓库及分配装置、货运及物料处理设备、安全设施等。

澳大利亚曼哲拉海洋捕鱼船及游艇展览会自 2007 年起开始举办，每年一届，是澳大利亚三大游艇展之一。展会汇集各类船舶，包括海洋捕鱼船、轻型游艇、豪华游艇，以及其他水上运动相关产品。

---

① 《澳大利亚悉尼国际船舶展览会》，商务部外贸发展局国际展览共管信息服务平台，http：//www. showguide. cn/expo/sydneyinternationalboatshow. html。

② 根据"国际展会综合服务平台——外展网"信息整理，http：//www. yshows. cn/。

二　澳大利亚其他的海洋文化产业

在澳大利亚，除了滨海旅游业、海洋休闲渔业等几个发展成熟的海洋文化产业门类之外，还有一些多样化的海洋文化产业形式。

澳大利亚海洋文化产业的主要门类①

海洋文化产业门类	产　业　相　关　情　况
海洋文化传媒业	海洋领域传媒业，包括国家海洋部门、国际海洋组织、海洋系统各行业领域设立的传媒机构及其相关传媒产品行业，如政府海洋官方网络； 海洋主题传媒业，即生产、经营的传媒文化产品的主题是海洋的，或与海洋相关的，如一些以营利为目的的海洋主题网站的运营； 海洋相关传媒业，及其产业内容和范围包括海洋主题领域，如广播影视类、新闻出版类、电子网络类等综合性传媒业态。 代表作品：澳大利亚的海洋卡通艺术插画、海洋纪录片《海洋机器人》以及电影《大堡礁惊魂》等。
海洋演艺业	包括海洋系统、海洋区域社会设立和运营的演绎机构团体及其产业化运营，也包括海洋相关音乐、戏剧、曲艺演出业，电影电视节目制播经营业，以及海洋系统演艺业相关的产业链。 代表作品：音乐《澳洲音画·海洋》，戏剧《魔毯星空》，悉尼海岸灯光音乐节等。
海洋工艺品业	海水珍珠、珊瑚、贝类等海产品工艺品，以及不用海产材料，但反映海洋自然与人文社会生活内容的工艺品。 代表作品：澳大利亚鲍鱼贝壳、珊瑚工艺品。
海洋创意设计业	海洋文化广告创意与设计、艺术创作、软件开发与设计等。 代表作品：澳大利亚海洋生物创意设计赛。

---

① 参照曲金良《中国海洋文化基础理论研究》，海洋出版社 2014 年版；以及徐文玉《中国海洋文化产业主体及其发展研究》，中国海洋大学博士学位论文，2018 年 6 月，而整理。

续表

海洋文化产业门类	产 业 相 关 情 况
数字海洋文化业	借助传感技术、射频识别标签（RFID）技术等实现人海智能沟通；利用3D互动科技将海洋文化相关的音乐、影视戏剧、动漫等制作成人工智能海洋文化产品；利用数据模型和云计算技术建立海洋文化遗产保护的数据库管理模式；利用互联网技术实现滨海旅游中海洋文化资源共享以及服务监督平台等。 代表作品：澳大利亚遗产保护高科技技术。
海洋咨询业	以提供信息和智力服务为特征，为海洋资源开发、利用和保护活动的管理决策与实施提供全过程、全方位的综合型咨询服务，包括海洋工程勘查与设计、海域使用论证、海洋环境影响评价、国家重大海洋专项评估等。 代表：海洋公园与保护区评估。

第七章　对中国海洋文化发展的启示

第一节　丰富海洋文化内涵

数千年悠久历史的演变，负陆面海的天然地理环境，不仅孕育了中华民族辉煌灿烂的陆地文明，也在白驹过隙之间缔造了海洋文化的深厚发展史。在中国漫长而蜿蜒的海岸线上，从旧石器时代开始，我们的祖先就在海洋捕捞、航海贸易、审美信仰等日常生活的"渔盐之利、舟楫之便"中潜移默化地创造了海洋文化，绵亘万里的古代海上丝绸之路、茶马古道、陶瓷之路借用宝船和驼队，携带友谊和善意，架起了海洋文化传播的桥梁，使得中华民族的海洋文明烛照古今。近代中国海洋意识开始萌芽，到当代人们开始探索海洋经济的发展，中国海洋文化的传统智慧和历史资源一直闪耀，并在人们对和平、和谐、美丽海洋的追求与向往之中传承与发展。[①]

一　加快提升海洋文化内涵

首先，挖掘中华民族海洋历史，普及海洋文化知识。中华民族的海洋历史也是我国海洋意识的形成和演化史、我国悠久海洋文明的发展史。通过摸底调查和考古调研来挖掘海洋历史，梳理和归类灿烂的中华民族传统海洋文化遗产和资源，将海洋历史和海洋文化转化成符合现代人类生活方式的海洋文化呈现方式，让人们知古而察今，看到海洋文化和海洋意识的时代价值，看到国家"加快建设海洋强国"的美好愿景和行动，看到全

---

① 徐文玉：《中国海洋文化产业主体及其发展研究》，中国海洋大学博士学位论文，2018年6月。

世界对海洋和平世界的期盼，让公众一起去感受海洋文化和海洋文明，培育公众热爱海洋、关心海洋的情感，进而提高公众的海洋意识。

其次，建立中国海洋文化基因库，保护和传承海洋文化。[①] 通过建设中国海洋文化发展示范基地、建立海洋文化交流平台、讲述中国海洋文化故事、举办海洋文化节庆活动、创新海洋文化产业创意等多种现代化手段，对体现中国传统海洋文化精髓、凸显中国式特色海洋文化发展观念的海洋文化进行挖掘和整理，从我国海洋社群及其海洋民俗文化传统、海洋信仰谱系、传统造船与航海技术、沿海海洋文化遗产等梳理、归纳分类我国传统和现代海洋文化的内容体系及其所体现的价值观念，将海洋文化基因库作为展示海洋文化、教育和宣传海洋知识、传承和保护海洋文化、进行海洋文化科考研究、发展现代海洋文化产业、丰富海洋文化内涵的平台。

最后，创新海洋文化，丰富海洋文化内涵。对于海洋文化的创新，则要从内生机制和外部机制两个方面进行全面而系统的创新。在内生机制上，要根据我国海洋文化发展的实践和公众的海洋文化需求，自主地在传统海洋文化的基础上进行创新，通过与现代生产力、生产方式和生产技术的结合，形成现代先进海洋文化，发展现代海洋文化产业，重新赋予海洋文化新的时代内涵和现代化表现形式，丰富海洋文化的内涵，激活海洋文化在新时代的生命力；在外部机制上，随着全球化、网络化带来的世界文化流通和传播，外来异质性文化的入侵与本土海洋文化发生价值观念冲撞，要使我国海洋文化能在世界多元文化的冲突和竞争中永葆生机与活力，[②] 就必须去除糟粕，取其精华，即要吸收和借鉴外来文化的先进之处，然后将其转化内生为符合我国新时代特色社会主义思想的海洋文化建设中来，在坚定中华民族海洋文化主体性地位的前提下，采取"海纳百川，有容乃大"的态度"吐故纳新"，捍卫具有中华民族精神根源的海洋文化核心价值观念，树立海洋文化自信。[③]

---

① 苏文箐：《建设中国海洋文化基因库，复兴中国传统海洋文化》，《中国海洋报》2016 年 6 月 21 日。

② 郗戈、董彪：《传统文化的现代转化：模式、机制与路径》，《学习与探索》2017 年第 3 期。

③ 徐文玉：《中国海洋文化产业主体及其发展研究》，博士学位论文，中国海洋大学，2018 年 6 月。

二　着力提高海洋文化传播能力

首先，增强公众传播中国海洋文化的行动自觉和行为自信。要通过全社会范围内海洋文化知识的普及宣传和教育活动，提高我国公众的海洋文化意识、海洋文化知识和海洋文化素养，鼓励公众参与到传播海洋文化和维护海洋权益的自觉行动中去，[①] 在全社会营造健康、和谐的传播氛围，尤其是要注重将海洋文化纳入中小学教育课程体系中去，让海洋文化贯穿于我国青少年的教育中，打造海洋教育的特色品牌；要在全社会范围内巩固公众的海洋文化自信，同时以海洋文化自信来坚固我国海洋文化的价值观念和形象，以海洋文化自信来提高应对海洋文化传播国际挑战的能力。

其次，传播海洋文化要立足国情，放眼世界。在国内打造具有地方特色的海洋文化带和海洋文化园区、基地，实行区域特色海洋文化差异化传播与交流，[②] 并建设一批具有海洋特色的文化产业平台，借助于产业平台为我国海洋文化的传播与交流打造空间，同时通过"文化产业＋"模式把海洋文化的传播工作与外交、外贸、援外、科技、旅游、体育等产业结合起来发展，实现海洋文化与多种技术、多种行业的跨界融合式传播；在国际上，要充分发挥中国海洋文化的巨大凝聚力和向心力作用，以全球化的战略高度打造中国海洋文化的世界传播力。同时，发挥驻外机构和组织团体的对外宣传、推介作用，为我国海洋文化"走出去"搭建舞台，借助于海外平台和组织，在全世界范围内宣传我国和谐、和平的海洋文化精神理念和丰厚的海洋文化内涵，扩大我国海洋文化的影响力和话语权，为我国海洋文化的传播打造良好的国际环境。

最后，创新海洋文化传播媒介。借助于现代新媒体、多媒介实现中国海洋文化传播形态、方法和手段的多元化，形成全世界范围内的中国海洋文化分享圈和朋友圈，通过打造具有公信力的传播品牌和活动，引导和引领更多的国内外媒体与受众去关注和讨论中国海洋文化；同时，借助于现

---

① 郑保卫、王亚莘：《中国海洋文化传播的战略定位与策略思考》，《当代传播》2015 年第3 期，第 11—14 页。

② 国家发展改革委和国家海洋局联合印发的《全国海洋经济发展"十三五"规划（公开版）》，2017 年，http://www.ndrc.gov.cn/zcfb/zcfbghwb/201705/t20170512_ 847297.html，最后访问日期：2018 年 11 月 5 日。

代互联网、大数据、云计算等高新技术来创新海洋文化的传播形式，打造线上线下海洋文化大众化、全球化传播的"统一战线"，形成海洋文化传播的新动力、新模式，丰富我国海洋文化的传播视角、传播内容呈现方式和传播目标。

三　全面促进海洋文化健康发展

首先，保护海洋文化遗产，传承海洋文化精髓。一方面，借助于当前"海上丝绸之路"倡议推动我国海洋文化遗产的保护工作，留住和保护海洋文化遗产的主体人，通过财政、法律、教育等多种形式的政策扶持，给予海洋文化遗产供给主体生活上和海洋文化遗产保护能力上的保障；另一方面，为了让海洋文化遗产在兼顾传统海洋文化精髓的基础上开辟未来，在善于继承海洋文化精神的基础上更好创新，还需要通过建立和完善海洋发展人才智库体系，让多层次的、科学专业的海洋文化产业主体发挥其遗产传承、发展、创造的智库功能，以其能够顺应海洋文化自然有机发展状态和创新式新生态的理论素养与专业知识来共同保护海洋文化遗产。同时，海洋文化遗产供给主体的海洋文化价值观念和道德观念等影响了保护海洋文化遗产的行为和思想，因此需要政府做出正确的政策引导及海洋文化的价值定位，来统一海洋文化的社会舆论与认识，争取公众的支持与自觉。尤其是当传统海洋文化精髓在面临着经济全球化、市场化、工业化等较为强势的发展导向无处不在的影响时，政府更应该从精神上建立人们对海洋文化自然、本真发展状态的自觉和自信。

其次，加快发展现代海洋文化产业，提高海洋文化可持续发展力。在海洋经济高速发展的浪潮中，依托于海洋资源发展的第一、第二产业对海洋生态环境和资源带来的压力日益凸显，而海洋文化产业和以海洋文化产业为支撑的"蓝色文化产业"恰逢其时，为突破海洋经济发展的资源和环境瓶颈带来有力的支撑。因此，一方面，要继续发挥滨海旅游业、海洋休闲渔业、海洋工艺品业、海洋文化传媒业、海洋艺术表演业等传统海洋文化门类的主力军作用，通过举办中国海洋文化节、青岛国际海洋节、世界妈祖文化论坛等节庆会展活动打造一大批响亮的海洋文化品牌，提升我国海洋文化产业的综合实力和国际影响力，依附"21

世纪海上丝绸之路"海洋特色文化产业带和海洋特色文化产业平台打造中国特色海洋文化产业门类，为开展海洋文化产业国际合作交流提供空间；另一方面，要通过自主创新、新业态的培育和产业结构的优化调整，实现传统海洋文化产业的升级化发展，改造海洋文化产业中的旧动能，为海洋文化产业的现代化发展争取和创造更大的施展空间、更好的优化条件和更广泛的改造动力。

最后，大力发展海洋文化事业，健全海洋文化公共服务体系。海洋强国的建设离不开完善的海洋文化公共服务体系，通过发展公益性海洋文化事业，满足人们对公共海洋文化的需求，是实现人与海和谐发展、满足人民对美好生活新期待的必然要求。因此，要建立以政府主体为指导，根据纯公益性海洋文化事业和准公益性海洋文化事业的划分，合理协调市场和社会层面中各类产业主体的力量，实现海洋文化产业自治和公众广泛参与的公益性海洋文化事业供给体系；在公共海洋文化服务体系建设中，要以公众的海洋文化权利需求和权益保障为导向，以政府的"服务"职能为主，实现海洋文化成果的全民共享；在具体的行动中，通过建立和扩大海洋文化公园、海洋文化博物展览、海洋文化科普与教育示范基地等基础设施，在全社会范围内宣传和科普海洋文化，提升公众的海洋意识和海洋文化素养。[1]

第二节　加快保护海洋文化，提升海洋意识

海洋文化是人与海洋互动的产物，是意义世界的海洋呈现，[2] 是海洋文化产业发展的精神动力和基本要素，海洋文化产业的发展能够为我国海洋文化的建设提供物质基础和保障；而基于传统海洋文化价值观念发展起来的海洋意识是我国海洋文化的构成要素之一，海洋文化意识的提升也是我国海洋文化建设的战略目标，因此，积极保护海洋文化，传承和发扬海洋文化精神，提高公众的海洋文化意识，将助力于海洋文化产业的发展，

---

[1]　徐文玉：《习近平新时代海洋强国思想中的海洋文化发展概念》，《第九届海洋强国战略论坛论文集》，海洋出版社 2018 年版，第 44—50 页。

[2]　张开城：《主体性、自由与海洋文化的价值观照》，《广东海洋大学学报》2011 年第 10 期，第 1—6 页。

推动我国加快建设海洋强国和海洋生态文明的步伐。①

一　保护和复兴中国传统海洋文化

中国海洋文化的发展是受中国文化主体观念的支配，在中华民族腹地广阔、地大物博的条件中发展起来的，因此，我国的传统海洋文化所体现的价值观念有别于西方"重利轻义""冒险""扩展"思想，其核心理念是"和"，具有"和平、和谐""四海一家""天下一体""天人合一"等思想内涵，这种以"和"为特征的中国传统海洋文化价值理念深刻反映了中华民族对于人与海洋关系的理解与认知，同时也深刻展现了中华民族在人与海和谐相处问题上的深邃智慧与博大胸怀，由此形成了我国海洋文化发展的价值取向，成为我国海洋文化战略思想和行为的指导，并经历了数千年时间的洗礼，在现代海洋文化产业的可持续发展中仍然起着中坚作用。

我国海洋文化历史悠久，虽然新时代海洋文化资源及其特征、价值观念已发生较大变化，但其核心价值观念依然是现代海洋文化建设的核心精神，且我国海洋文化的发展是对传统海洋文化的一脉相承，在当代的海洋事业与海洋发展理论建设上依然有着重要的借鉴意义。尤其是在当今世界发展海洋经济的浪潮中，伴随着经济增长的是海洋环境的污染和资源的破坏，海洋争端问题此起彼伏，海洋价值扭曲严重，因此，建设中国海洋文化基因库，加快提升海洋文化内涵，以中华民族海洋价值观为指导科学发展海洋经济和解决海洋争端问题，保护和复兴中国传统海洋文化迫在眉睫。

通过海洋文化基因库的建设，为海洋文化打造一个"保护区"，保护我国优秀的传统海洋文化在全球化的今天抵御外来的有悖于中国特色社会主义价值观念的文化冲击，复兴并充分发挥海洋文化基因库的精神指导作用，以其强大的亲和力与凝聚力，把各地区、各民族的人集聚起来，形成一种强大的海洋文化合力，并在"人海和谐"的生态平衡理念指导下，发展世界和中国海洋生态文明，在全球形成海洋文化关注、开发、利用以

---

① 徐文玉：《中国海洋文化产业主体及其发展研究》，中国海洋大学博士学位论文，2018年6月。

及保护的良好氛围，维护和平发展的新秩序，建立和平、和谐、美好的海洋世界。①

二　传承和创新海洋文化

无论是海洋文化创新的内生机制还是外部机制，培育和发展海洋文化产业作为载体是实现海洋文化多样化创新的最有效表现形式。② 通过智慧和创意，将海洋文化元素转化成具体的海洋文化产品和服务，并利用产业化的经营思维，借助于现在的多媒体、互联网等高新技术实现海洋文化的传播形式、产品和服务形式的创新驱动，海洋文化以具象化的形式进入到公众的生活中，满足公众日益增长的文化需求和对美好生活的需求。

开展针对海洋产业发展的海洋文化研究，要不断挖掘总结设计出适合海洋产业发展的海洋文化创意。例如，在休闲渔业方面，将渔业与文化"混搭"，在渔家乐、农家乐的基础上，突出特色，强化服务，并延伸服务内涵，让休闲渔业不仅是一个旅游观光项目，而且成为人们日常生活的一个组成部分。国外一些国家的休闲渔业就吸引了广大居民积极参与。根据调查，从 1999 年 6 月到 2000 年 5 月的一年中，有 340 万年龄在 5 岁以上的澳大利亚人至少参加过一次捕鱼活动，其中 230 万人是男性，110 万人为女性。③ 在海产品消费方面，要深入发掘沿海各地海产品的传说、饮食风俗，宣传海产品的功效与烹饪加工方法。运用海洋文化的方式，说服教育沿海居民热爱海洋，保护海洋环境。

三　坚持海洋文化开发与保护并重

海洋文化产业的灵魂是海洋文化，对于一般海洋产业来说，其发展都是社会效益和经济效益的综合矛盾体，但对海洋文化产业来说，则要站在传统文化传承和保护以及海洋文明生态化发展的原则上，坚持海洋文化保护优先，以海洋经济发展为辅，兼顾海洋生态环境保护，实现海洋文化的

---

① 徐文玉：《中国海洋文化产业主体及其发展研究》，中国海洋大学博士学位论文，2018年6月。

② 厉以宁：《持续推进供给侧结构性改革》，《中国流通经济》2017年第1期，第3—8页。

③ Gary W. Henry, Jeremy M. Lyle, The National Recreational and Indigenous Fishing Survey. Canberra：Australian Government and Department of Agriculture, Fisheries and Forestry, 2003, p. 13.

开发和保护相辅相成和并重存在的辩证统一。海洋文化产业主体更应该发挥其能动性作用和社会责任担当，在开发海洋文化资源的同时，保护好海洋文化，保护好我国传统文化精髓，这是海洋文化产业主体健康、可持续发展的精神保障和思想支持。

坚持海洋文化保护优先，就是在我国海洋文化产业的发展中，整个产业的发展导向以及所有产业主体要以"人海和谐""四海一家""和平美丽""博大包容"等中华传统海洋文化思想为价值观导引，以保护好传统海洋文化这一瑰宝为产业发展的最重要战略目标之一。从宏观上说，在中华民族五千多年历史中，在海洋文化沧海桑田的历史变迁下，中华民族借由海洋文化的发展而创造了独具中国特色的海洋价值观念，也在亲近海洋、开发海洋、利用海洋、保护海洋、实现人与海洋和谐相处的具体实践中形成了独具中国特色的海洋发展观念，成为我国向海洋大步踏进的思想根基和实际指南；从微观来看，在现代海洋文化产业发展中，产业主体的创意来源于海洋文化，现代海洋文化的创新和发展也建立在传统海洋文化保有良好的状态基础上，因此，保护好海洋文化既是保护传统海洋文化资源，又是保护好现代海洋文化发展的根和魂，没有了这个根和魂，现代海洋文化产业的发展就难以实现长久的、健康的推进。

以海洋经济发展为辅，并不是要海洋文化产业的发展完全让步于海洋文化的保护，而是为了满足公众日益增长的海洋文化需求，在海洋文化产业的发展中，以海洋文化为思想引擎，但同时要大力发展现代海洋文化产业来为海洋文化的进步提供经济支撑，实现海洋文化保护和海洋文化产业发展的共生共荣。因此，在海洋文化产业的发展中，从顶层上政府要制订海洋文化资源开发的功能区规划、管理制度、法律制度和政策保障体系，强化国家对于海洋文化资源合理开发、高效利用的权威指导力和行动力；在海洋文化产业市场中，产业主体则要在总体战略的引导下，通过内部自主创新或借助于海洋科学技术来解决所面临的海洋文化资源开发不合理、开发能力不足等问题，实现对海洋文化资源多层次、高效化的开发和利用，提高产业主体发展海洋文化事业和海洋文化产业的综合效益，在实现海洋文化产业结构优化升级的同时，提升海洋文化软实力。

兼顾海洋生态环境保护，就是指海洋文化的发展必须实现资源的开发与海洋生态环境保护的并重，人类开发利用海洋的一系列活动已对海洋尤其是近岸海洋生态系统带来了健康和清洁运行的严重威胁，海洋文化产业的可持续发展必须注重要在实现经济目标的同时，完善海洋生态结构，增强海洋生态功能，提高海洋生态效益，修复海洋生态损害。因此，在海洋文化产业发展中，政府主体首先要做好海洋生态环境保护的管理体制、机制和宣传导向，制订并完善海洋生态环境治理的法律法规，优化和改变政府强制性治理和末端治理的海洋生态环境治理模式；产业主体要在海洋文化价值观的指引下，建立反思自身行为对于海洋生态环境所带来的威胁的思想意识，在海洋文化产业生产方式上建立基于生态系统的高效海洋文化资源开发模式，从海洋文化资源高效、可持续利用的角度，有效利用科技支撑和财务支撑等政策的扶持，积极、主动地参与到海洋文化生态环境保护中去；政府和产业主体要同时建立产业发展的信息披露制度，以政府的强制性、产业主体的自觉性、公众的主动参与性来形成对海洋文化产业资源与生态环境保护的信息披露和监督情况，并建立科学的产业主体"海洋生态环境友好型、海洋文化资源保护型"的评价指标体系，为整个产业主体发展海洋文化产业和保护海洋生态环境并重的观念原则与发展实践形成有效的评价监督和督促体系，以政府、市场和公众多元化力量共同促进海洋文化产业的可持续发展。

四　全面提升公众海洋意识

海洋意识是海洋文化精神元素之一，是在海洋文化发展过程中积淀并内化而来的，因此海洋意识是海洋文化的核心灵魂。我国公众海洋意识的水平在一定程度上也反映了我国海洋文化的发展层次和深度，它不仅是我国海洋文化政策和战略的内在支撑，[1] 也是中华民族海洋发展的内在动力，更是我国加快海洋强国建设的软实力基础。因此，提高公众的海洋意识是实现海洋文化产业发展的思想基础和精神支撑，更是实现中华民族伟大复兴的重要组成部分。[2]

我国海洋意识形成历史悠久，并在坎坷的海洋发展进程中不断变化，

---

① 冯梁：《论 21 世纪中华民族海洋意识的深刻内涵与地位作用》，《世界经济与政治论坛》2009 年第 1 期，第 74 页。

② 陈艳红：《发展海洋文化的关键在于海洋意识教育》，《航海教育研究》2010 年第 4 期，第 12—16 页。

随着全世界海洋战略地位的提高和我国对海洋的不断重视，公众的海洋意识明显提升，但与我国海洋强国建设的战略目标仍不能相匹配，海洋意识淡薄、匮乏和落后已成为我国海洋事业发展和海洋强国建设的瓶颈，① 全面提升公众的海洋意识迫在眉睫。因此，政府要从顶层设计上为海洋意识提升工作做好规划和导向，从海洋文化、海洋经济、海洋权益、海洋安全、海洋环境等多方面着力提升全民的海洋意识。

首先，开展海洋意识宣传教育，建立海洋意识调查评估体系。2016年，由国家海洋局联合教育部、文化部等多部门印发的《提升海洋强国软实力——全民海洋意识宣传教育和文化建设"十三五"规划》中提出，要建立包含我国"公众关心海洋、认识海洋和经略海洋等内容和意识体系的海洋意识"的战略任务，因此，建立多层次、全方位、广范围内的海洋意识宣传和普及教育已成为当今十分迫切的任务。在海洋意识宣传教育上，开展多渠道、多措施、多层次的海洋意识增强机制，中央和地方要带头将海洋意识普及教育纳入各层级宣传教育的工作体系中去，并建立健全相关的规章制度和协调机制，推进海洋知识和海洋意识教育"进教材、进课堂、进校园"，建立完善的海洋意识教育体系，同时依托于各级政府、各类涉海机构和媒体来创办海洋意识教育示范基地，举办各种海洋文化节庆会展、宣传和赛事等活动，以推陈出新的形式让海洋文化和海洋意识走进公众，形成全社会亲海、爱海、强海的浓厚氛围；建立公众海洋意识的调查和评估体系是对我国国民海洋意识水平的一种客观、科学的反映，要通过对国民海洋意识的普及调查和综合评价，掌握我国公众的海洋意识高低情况和变化趋势，为科学指导海洋意识的提高提供科学的决策依据，并通过对全社会公众海洋意识的普查，提高全社会对海洋意识的认知和对海洋意识的重视，让公众自觉地去关注、了解和认识海洋，学习海洋知识，思考海洋问题，促进全面海洋意识的提升。

其次，倡导中国特色社会主义海洋发展理念。从古代中国海洋实践的缘起，到近代中国海洋意识的萌芽，再到当代中国海洋经略的探索，我国海洋文化自古便传达了"和平""和谐"的价值理念，在当代我国海洋的发展中，"和平""合作""共赢"的理念推动中国为核心建立了"环中

---

① 王宏：《增强全民海洋意识　提升海洋强国软实力》，《人民日报》2017 年 6 月 8 日。

国海"文化圈，并成为致力于构建"人类命运共同体"的佼佼者，这些成就和地位得益于自古到今在我国海洋发展中，"使用的不是战马和长矛，而是驼队和善意；依靠的不是坚船和利炮，而是宝船和友谊"①。让我国公众对这种饱含了海洋文化"和平""和谐"价值理念和"合作""共赢"发展理念的海洋发展观形成高度的认同感和自豪感，将在提升我国海洋文化自信的同时，极大地提高公众的海洋意识。

五　开拓海洋文化建设公众参与机制

海洋文化建设的公众参与机制是要转变公众在海洋文化建设中由被动参与转变为主动、自觉参与，② 是在政府的指导下，公民主体全员性、全过程参与海洋文化发展的一种状态，它能够促进政府、市场和公众之间建立良性的交流与互动，提升公众参与海洋文化建设的积极性，进而提升海洋文化产业主体的发展效率，实现海洋文化产业健康、可持续发展的战略目标。因此，推进海洋文化建设公众参与机制建设是推动海洋文化产业发展的重要保障，开拓海洋文化发展公众参与机制，激发和增强公众参与海洋文化建设的自觉行动，将会为海洋文化产业的发展提供强大的社会共识和精神动力。③

为此，首先要在政府的主导下，对公众参与机制给予法制化保护，通过相关的法规和政策完善，保障公众参与机制的顺利开展，为公众参与到海洋文化发展中去提供良好的舆论环境；同时形成从中央到地方海洋文化发展相关者职能部门的引导体系，引导公众参与到海洋文化发展的全过程，尤其是形成海洋文化产业主体之间的合力、合作，提高产业主体的生产效率。

其次，建立健全海洋文化公众参与机制，允许并鼓励公众从多方位参与到海洋文化建设的政策和法规制订中去，尤其是注重鼓励不同层级、不

---

① 习近平出席"一带一路"国际合作高峰论坛开幕式的讲话：《携手推进"一带一路"建设》，2017 年 05 月 14 日。

② 吕建华、柏琳：《我国海洋环境管理公众参与机制构建刍议》，《中国海洋大学学报》（社会科学版）2017 年第 2 期，第 32—39 页。

③ 徐文玉：《中国海洋文化产业主体及其发展研究》，中国海洋大学博士学位论文，2018年 6 月。

同所有制性质、不同规模的产业主体参与其中，提高海洋文化产业政策和法规的有效性；[1] 拓宽和创新公众参与海洋文化建设的渠道，公众参与海洋文化建设不止是建立在公众主体和政府主体之间，例如海洋文化企业的发展同样最需要公众的声音，通过企业市场定位与公众需求的最佳契合来最大程度地满足公众需求的海洋文化产品和服务。另外，在具体的参与技术上，借助于互联网等高新技术建立公众参与平台，实现海洋文化发展相关信息在政府、市场和公众之间的共享，形成三者之间的良性互动；建立和完善公众参与海洋文化产业发展的评价和监督体系。通过对海洋文化发展相关信息的权威披露，让公众参与到海洋文化建设的监督和评价中去，尤其是在海洋文化产业发展中，对产业主体的行为进行积极的监督和督促，共同维护良好的产业环境。

第三节　加快发展海洋文化产业

海洋文化产业的发展契合我国创新、协调、绿色、开放、共享的新型发展理念，是对我国海洋强国战略的有效贯彻落实，也是美丽海洋可持续发展的"蓝色引擎"，同时，海洋文化产业所包含的生态文明建设内涵和"四海一家、协和万邦、天下大同"的和平政治理念是发展我国海洋事业精神支撑、思想保证和道德滋养。海洋文化产业的发展对于实现我国海洋强国建设的中国梦具有重要的意义。[2]

从宏观来说，在文化价值上，海洋文化是我国海洋事业发展的文脉之根与魂，是中华民族优秀文化基因库的重要因子，海洋文化蕴含的价值理念和认知观念指导着我们认识海洋、关心海洋、经略海洋、与海洋和谐相处的具体行为和价值导向，是树立我国文化自信不可或缺的一部分。海洋文化产业的发展既能为中华文化不断注入"蓝色"血液，又将会维护我国的海洋文化安全，提高国民海洋意识，丰富海洋文化内涵，树立海洋文化自信；在经济意义上，海洋文化产业的发展带动了海洋经济的发展，并

---

[1]　邵子萌：《中国生态文明建设中公众参与机制研究》，东北石油大学博士学位论文，2016年。

[2]　徐文玉：《中国海洋文化产业主体及其发展研究》，中国海洋大学博士学位论文，2018年6月。

在文化、政治、美学上满足了公众对美好生活的部分需求和期待，这种经济带动效应和社会效益的体现，既是对加快我国海洋强国建设的软实力支撑，也将会是中国特色社会主义事业重要的组成部分，海洋文化产业的发展将是对国家《全国海洋经济发展"十三五"规划》中对海洋文化产业发展顶层设计的具体落实。①

从中观来说，发展海洋文化产业将拓宽沿海地区开发利用海洋的维度和深度，促进沿海地区传统海洋产业的转型升级发展和海洋经济的可持续发展。一方面，海洋文化产业的特殊属性决定了产业资源的获取既有有形的、物质的海洋资源和人文资源，也有无形的、精神的海洋文化资源，它关乎海洋神秘的历史和遗迹，关乎海洋丰富的姿态和特征演绎，体现的是区别于海洋第一、第二产业的另一种生态化、创新化的开发和利用，拓宽了我们认识海洋、开发海洋和利用海洋的宽度；另一方面，海洋文化产业的意识形态属性和其蕴含的优秀传统海洋文化核心价值观念是其具有区别于传统海洋产业的一种绿色、协调、和谐、共享式发展理念和发展模式，这种理念和模式具有低耗能、集约型、环境保护型和资源友好型的特点，对我国海洋经济的转型升级发展是一种有力的带动，② 这种人与海洋、社会和谐相处的关系也是实现海洋文化产业健康、可持续发展的保障。

从微观来说，海洋文化产业的发展不仅能满足公众对美好生活中海洋文化消费的需求，培育公众多元文化消费，还能提高沿海社群的生活水平，保障和改善民生。一方面，随着公众文化需求水平和层次的提高，越来越多的内陆公众群体也开始倾向于海洋文化的消费，海洋文化产业的发展将丰富的海洋文化产品和服务延伸到内陆地区，丰富了我国内陆地区公众文化消费的多元性；另一方面，海洋文化产业资源大量存在于沿海地区的农村、渔村地区，对于这些沿海社群，尤其是沿海渔村、渔民来说，海洋文化产业的发展提高了他们的生活水平，为他们带来了新的就业途径和生活保障，让他们参与到我国海洋文化的建设中去，是振兴乡村文化和产业发展的有力举措，对于改善和保障沿海社群的民生、民计来说是同样意

---

① 徐文玉：《习近平新时代海洋强国思想中的海洋文化发展概念》，《第九届海洋强国战略论坛论文集》，海洋出版社 2018 年版，第 44—50 页。

② 同上。

义深远。

一　培育海洋文化产业消费新增长点

随着我国居民生活水平的提高，人们的精神需求日益多元化、丰富化、个性化，对海洋文化的消费需求呈现出旺盛发展的趋势，这就为海洋文化产业的结构优化和产品与服务升级提供了内在动力和支撑，且沿海地区社会经济发达，海洋文化产业的消费空间巨大。因此，需要海洋文化产业在发展过程中融入创新驱动因素，即通过海洋文化产品和服务的创新、创意来拓宽海洋文化产业市场、提高海洋文化产品和服务的精神含量等有效供给因子，来激发人们的海洋文化消费欲望，创造和培育海洋文化新的需求和消费点。

一方面，海洋文化是崇尚自由、开创、积极和拼搏的文化，它的开放性、地域性、神秘性和包容性等特点也决定了海洋文化本身具有较强的可创新之处，因此我们要充分利用海洋文化资源及其特点，依据市场需求，以资源和市场为双重导向，依托于各沿海地区海洋文化资源特点而有重点地发展观赏型、教育型、体验型和服务型等多种类型的海洋文化产业，拓宽海洋文化产业的消费领域，以适应人们需求的新期待，不断丰富海洋文化产品和服务的供给，增加配套设施，增强海洋文化产业的带动和扩散效应。①

另一方面，要将社会文化生产力的解放通过创新消费模式、增加海洋文化公共服务、完善海洋文化产品和服务流通体系等方式，将海洋文化消费延伸到沿海农村地区，尤其是沿海农村地区从事海洋文化产业的个体工艺、手工业者。相较于现代化企业的大规模、流水线批量生产与销售而言，工艺、手工艺产品存在有工艺复杂、产量较低、单位成本较高等特点，因此难以与现代规模化企业产业化生产与销售相竞争，更需要我们通过综合的创意来充分释放和利用沿海农村的海洋文化生产力与海洋文化资本。例如上海金山嘴渔村的做法，就值得参考。由于近几十年来上海沿海地区众多化工企业的兴建造成了严重的海洋环境污染，加之现代化渔业的

---

① 徐文玉：《我国海洋文化产业供给侧结构性改革探析》，《中国海洋经济》2017 年第 1 期，第 270—283 页。

过度捕捞，造成了渔业资源的严重衰退，金山嘴渔村的人们逐渐告别了世世代代赖以生存的大海，有些人外出务工或经商，有些人在坚持近海捕捞和滩涂养殖的同时，在村里办起了养殖、渔货加工等产业，也有些渔民利用村子坐落在沪杭公路一侧的地理优势，开起了数十家海鲜美食餐饮店，形成了颇具特色的海鲜美食一条街。为了充分利用当地海洋文化资源，切实提高当地渔民生活水平，该村在当地政府的政策指导与扶植下，将渔村属于个体经营分散管理的海鲜美食一条街以及极具渔文化特色的金山嘴老街改造成一个综合性观光旅游消费地带，[①] 整合并保护渔村渔户个体经营，同时利用渔村公共文化空间开展各种文化节会活动，利用渔民传统老宅举办渔村博物馆、渔俗馆、妈祖文化馆等公益性海洋文化场馆设施，与经营性的海鲜美食一条街浑然一体，既丰富、传承、发展了渔村文化的深厚底蕴和鲜明特色，又为综合性观光旅游消费带来了更多新的观光旅游客，提高了渔民以及渔村集体的收入和生活水平，也使古老的渔村重新焕发出崭新的可持续发展活力。

二　提供海洋文化精品和质量

伴随着个性化、定制化、专属化等消费需求的出现和扩张，海洋文化的消费需求在多样化发展的基础上也呈现出这样的消费趋势，而要能够满足这些消费需求，甚至刺激更多的海洋文化消费需求，就需要提高海洋文化产品和服务供给的质量，而不仅仅是数量，即增加海洋文化产业的有效供给，提供更多的海洋文化产业精品和优质服务，这是海洋文化产业实行供给侧结构性改革的目的。一方面，在遵循市场规律和海洋文化特征的基础上，通过制度设计和战略计划，增加和完善海洋文化产品与服务的新兴市场、供给渠道和消费群体，比如在海洋文化休闲市场上，不仅要做好老年人市场的有效供给，还要利用现代人对休闲养生的关注，扩大和细分出符合中青年群体对海洋文化休闲产品和服务的消费市场，并针对高收入高学历群体和中低收入低学历群体等分别设计出不同层面的海洋文化产品和

---

① 韩兴勇、刘泉：《发展海洋文化产业促进渔业转型与渔民增收的实证研究——以上海市金山嘴渔村为例》，《中国渔业经济》2014 年第 2 期。

服务，增加海洋文化的供给有效性；① 另一方面，海洋文化中蕴含的是
"趋利避害"的产业经济发展智慧，即依托于地方海洋文化资源特色，将
比较优势转化为竞争优势。② 因此，在海洋文化产业发展过程中，要严格
控制产品和服务的同质化发展倾向，不仅要注重提高产品和服务的文化价
值、技术含量、艺术品位、情感享受，③ 还要将具有当地竞争优势的海洋
文化资源因子融入其中，创意性地发展极具地方特色内容和鲜明地域海洋
文化资源特征的产品和服务，以此形成海洋文化精品和特色供给，既能满
足人们海洋文化消费的多样需求，又能形成产业核心竞争优势。

三　完善区域海洋文化市场机制

目前，在我国海洋文化产业中，主要有政府、企业、个体和非营利性
组织等四种产业主体类型，海洋文化产业兼具经济属性和文化属性，但过
去的"二分法"导致的是海洋文化产业市场主体社会地位不高，各主体
类型发展不平衡，政府权力导向严重，海洋文化产业资源的市场配置不合
理和效率低下等问题，也就无法从根本上完善海洋文化产品和服务市场有
效供给。如何平衡政府这只"看得见的手"与市场那只"看不见的手"
之间的关系可谓千难万难。从我国的国情和我国海洋文化产业目前的发展
状况来看，以政府掌控为主，市场调节为辅，抑或是相反，一直存在着争
议。然而，无论如何，政府与市场是一个整体的两个层面。从海洋文化产
业的经济视角而言，只有以市场主体为本位，才能最大限度地利用各种海
洋文化产业资源，广泛地调动最大多数人的主动性、积极性和创造性；而
从海洋文化产业的文化视角而言，它不单是市场问题，而同时还是一个文
化问题，即公益、正义、社会价值观与民俗风气的评判与引领问题。政府
的职责就是要站在全体人民的立场上，提供对海洋文化产业市场经营主体
的管理，同时向全体人民提供均等化的公共的公益文化产品与服务。因
此，一方面，要建立和完善政府规划与市场需求、主体能动性相结合的机
制，以政府政策和规划为导向，政府管理、调控力度应大于对一般产业企

---

① 徐文玉、马树华：《中国海洋文化产业的发展态势与发展模式》，《中国海洋经济》2016
年第 1 期。

② 管振：《海洋文化对我国经济发展的影响》，《生产力研究》2013 年第 2 期。

③ 张振鹏：《我国文化产业转型升级的四个核心命题》，《学术论坛》2016 年第 1 期。

业的调控力度，同时，海洋文化产业的"市场侧"机制应该与此相适应，而不是相背离；另一方面，要坚持以保障和改善民生为落脚点，尤其着重确立"企业"之外家族、家庭、个体从业主体等弱势化趋势严重的经营者的主体地位，激励不同类型的海洋文化产业主体的创造力和积极性，引导社会资本向海洋文化产业领域渗透，推动海洋文化产业最终形成主体间协同发展、良性发展的繁荣局面，这是海洋文化产业供给侧结构性改革中制度安排的重点①。

四　鼓励海洋文化产业新业态融合发展

供给侧结构性改革的目标在于实现产业结构的优化和经济的转型升级发展，这就需要在技术层面，通过融合与创新实现业态的新整合与打造，从而实现产业的创新驱动。当前，互联网技术与服务在不断发展与推进，海洋文化资源也需要借助"互联网思维"进行网络数字化的开发与整合，实现"互联网+海洋文化"的产业模式。海洋文化资源的开发不仅要注重传统海洋景观文化、海洋遗产文化、海洋民俗文化、海洋与高科技文化等方面的资源发掘，更要注重互联网背景下的海洋文化数字化平台构建和数字化产品与服务的制作开发。因此，需要打造一种具有现实意义的"互联网+海洋文化"类型，包括建设海洋文化数字平台、设计研发虚拟海洋文化产品、定制数字海洋文化服务、重建海洋文化虚拟世界等多方面高科技含量的海洋文化资源开发。借助于互联网技术，以视觉化形式直观呈现现实中难以构想的传统海洋文化资源，帮助人们重新了解与认识海洋文化，增强人们的海洋文化意识。同时，还可以利用互联网、大数据预测分析对海洋文化进行时代化的个性产品和服务定制来发展海洋文化产业。

另外，要实现"海洋文化产业+"新业态的融合打造，海洋文化的发展过程中，可以通过与上下游相关海洋文化产业和纵向、横向其他产业实现跨产业、跨门类的融合式和产业链式发展，比如通过上下游产业融合将海洋文化旅游业与海洋休闲渔业、海洋工艺产品业以及纵横向的民俗产业、餐饮产业等产业结合起来，形成海洋文化产业的集群式发展，同时建

---

① 徐文玉、马树华：《中国海洋文化产业供给侧结构性改革探析》，《中国海洋经济》2017年第1期。

立成熟的海洋文化产业配套产业和相关支持服务系统，扩大海洋文化产业整体格局，提供多样化、一体化的海洋文化产品和服务，在最大程度上带动和满足人们对海洋文化的多样需求①。

五 注重海洋文化人才培养与科技支撑

创新的源泉在人才，海洋文化产业要通过创新驱动来加快供给侧结构性改革的步伐，亟须培养一批海洋文化专业人才，为产业创新发展不断输送生机与活力。首先，鼓励在高校中设立海洋文化资源开发利用相关专业，加强涉海高等和职业技术教育，培育海洋文化产业专业的管理和技术人才；其次，定期举办学术讨论和专题研讨会，努力学习国内外海洋文化产业发展的先进理念和成功经验，及时掌握国际上有关信息与动态，开阔海洋文化资源开发利用的视野；最后，建立人才数据库，发挥海洋人才智库的作用，吸收各类海洋文化产业高精尖人才资源，特别是拥有国际海洋文化产业经营管理背景的管理人才来服务于海洋文化产业的国际竞争，这样既使有关部门能及时全面掌握海洋文化各方面的人才信息，为海洋文化产业的发展提供最大的智力支持，同时又可以通过建立海洋文化企业数据库，形成其与人才数据库形成关联，以便于海洋文化产业人才与职位需求匹配，使企业和人才达到最优组合，实现海洋文化产业最大效益。②

海洋科技为海洋文化产品与服务的开发提供了技术支撑。一方面，对于海洋文化企业来说，要围绕海洋文化产业转型升级的重大需求，在海洋文化资源开发与高效综合利用技术上实现突破。因此，必须注重营造资本密集型和技术密集型海洋文化产业新优势，加大海洋文化科技和科研基金的投入与引进，依托技术研发与自主创新来开发利用海洋文化资源，并着重推进海洋科技产业化平台建设，促进海洋文化、海洋科技新成果转化和新产品研发，建设一批创新型的海洋文化产业；另一方面，在发展的过程中，要利用海洋高新技术，加快海洋文化生态与环境的治理和保护，努力实现海洋文化资源利用集约化、海洋环境生态化，使海洋生态环境保护和

---

① 徐文玉、马树华：《中国海洋文化产业供给侧结构性改革探析》，《中国海洋经济》2017年第1期。

② 尚方剑：《我国海洋文化产业国际竞争力研究》，硕士学位论文，哈尔滨工业大学，2012年。

海洋经济发展协调统一，实现海洋文化产业更加健康可持续的发展。①

结　语

中国海洋文化产业的发展不仅是中国海洋崛起条件下的时代经济发展追求，也是对华夏千百年来传统海洋文化及其精神的一种继承，今天，在海洋文化"和平、和谐""四海一家""天下一家"的精神指引下，沿着蓝色海岸带，不断孕育出海洋文化产业发展的新成果，舒展出海洋文化产业主体交互发展的新图景。虽然产业发展水平不同、地域资源禀赋各异，身处的海洋文化市场环境也存在差别，但当人们享用到海洋文化产业发展带来的传统文化熏陶和先进文化供给体验，海洋文化的发展便形成了广泛的共识，激荡起产业主体更丰富的创意和智慧。回顾海洋文化产业主体的发展，不平衡的状态让人印象深刻，对于民生的呼吁也不绝于耳，因此，实现海洋文化产业健康、可持续发展，打造海洋文化产业主体系统平衡、协调、稳定发展之路仍然任重道远。但"浩渺行无极，扬帆但信风"，只要我们一往无前传承海洋文化精神，务实奋进发展海洋文化产业、勇敢坚定完善海洋文化产业主体，就一定能推进海洋文化产业的健康、可持续发展。

我们处于一个美好的新时代，中国思考、中国方案、中国行动，正跟随每一位海洋文化科研奋斗者的脚步，在世界的各个角落生根发芽。就像面对浩瀚无边的海面、连绵不绝的群山，很难抚平内心激荡起伏的豪情一样，当身处这样一个转型与崛起的新时代，紧随国家全面加快建设海洋强国的步伐，我们也难抑内心十足的朝气和远大的理想，期待与恢宏时代的连结，期待能在海洋文化研究中伸展更高的科研深度与广度、更多的学术活力与潜力，期待我们一起承担起一份促进中国海洋文化研究发展的使命。

---

① 马雯月：《开放经济视角下的海洋产业发展》，硕士学位论文，中国海洋大学，2008年。

参考文献

一 著作：

[1]（英）宾格汉姆，简悦译：《澳大利亚土著艺术与文化》，天津教育出版社 2009 年版。

[2]《辞源（修订本）1–4》，第二册，商务印书馆 1984 年版。

[3] 靳以：《靳以文集》（下册），北京：人民文学出版社 1986 年版。

[4]（澳）鲁伯特·莫瑞著：《澳大利亚简史》，廖文静译，华中科技大学出版社 2017 年版。

[5] 曲金良：《海洋文化与社会》，中国海洋大学出版社 2003 年版。

[6] 曲金良：《中国海洋文化基础理论研究》，海洋出版社 2014 年版。

二 论文：

[1] 陈国生、关照宏：《澳大利亚的妈祖信仰与海上丝绸之路》，2017 年第 4 期。

[2] 陈艳红：《发展海洋文化的关键在于海洋意识教育》，《航海教育研究》2010 年第 4 期。

[3] 陈智勇：《试论夏商时期的海洋文化》，《殷都学刊》2002 年第 4 期。

[4] 崔野、王琪：《关于中国参与全球海洋治理若干问题的思考》，《中国海洋大学学报》2018 年第 1 期。

[5] 冯梁：《论 21 世纪中华民族海洋意识的深刻内涵与地位作用》《世界经济与政治论坛》2009 年第 1 期。

[6] 管振：《海洋文化对我国经济发展的影响》，《生产力研究》，

2013 年第 2 期。

　　[7] 韩兴勇、刘泉:《发展海洋文化产业促进渔业转型与渔民增收的实证研究——以上海市金山嘴渔村为例》,《中国渔业经济》2014 年第 2 期。

　　[8] 蒋小翼:《澳大利亚联邦成立后海洋资源开发与保护的历史考察》《武汉大学学报》(人文社科版) 2013 年 1 第 5 期。

　　[9] 李加林、杨晓平:《中国海洋文化景观分类及其系统构成分析》,《浙江社会科学》2011 年 4 期。

　　[10] 李永乐:《澳大利亚遗产立法及其对我国的启示》,《理论与改革》2007 年第 3 期。

　　[11] 李智青:《澳大利亚海事立法情况介绍》,《中国海事》2012 年第 2 期。

　　[12] 厉以宁:《持续推进供给侧结构性改革》,《中国流通经济》,2017 年第 1 期。

　　[13] 刘堃:《海洋经济与海洋文化关系探讨——兼论我国海洋文化产业发展》,《中国海洋大学学报》(社会科学版) 2011 年第 6 期。

　　[14] 刘笑阳:《海洋强国战略研究——理论探索、历史逻辑和中国路径》,中共中央党校博士论文,2016 年 7 月。

　　[15] 吕建华、柏琳:《我国海洋环境管理公众参与机制构建刍议》,《中国海洋大学学报》(社会科学版) 2017 年第 2 期。

　　[16] 宁波:《海洋文化:人类文明加速发展的内在根本动力》,《中国海洋社会学研究》,2018 年第 6 期。

　　[17] 曲金良:《发展海洋事业与加强海洋文化研究》,《青岛海洋大学学报》(社会科学版) 1997 年第 2 期。

　　[18] 邵子萌:《中国生态文明建设中公众参与机制研究》,东北石油大学博士学位论文,2016 年。

　　[19] 孙吉亭:《海洋文化促进"海上粮仓"建设的机制与对策——以山东省为例》,《中共青岛市委党校青岛行政学院学报》,2015 年第 5 期。

　　[20] 孙吉亭、王燕岭:《澳大利亚休闲渔业政策与管理制度及其对我国的启示》,《太平洋学报》2017 年第 9 期。

［21］汤薇：《生态经济学在主体功能区中的应用研究》，东北财经大学博士论文，2013 年。

［22］王冠钰：《澳大利亚海洋法实践研究及其对我国的其实》，中国海洋大学硕士学位论文。

［23］王恒、李悦铮、邢娟娟：《国外国家海洋公园研究进展与启示》，《经济地理》2011 年第 4 期。

［24］郗戈、董彪：《传统文化的现代转化：模式、机制与路径》，《学习与探索》2017 年第 3 期。

［25］谢子远、闫国庆；《澳大利亚发展海洋经济的主要举措》，《理论参考》2012 年第 4 期。

［26］徐文玉、马树华：《中国海洋文化产业的发展态势与发展模式》，《中国海洋经济》2016 年第 1 期。

［27］徐文玉：《我国海洋生态文化产业及其发展策略刍议》，《生态经济》2018 年第 1 期。

［28］张开城：《海洋文化和海洋文化产业研究述论》，《全国商情（理论研究）》2010 年第 16 期。

［29］张开城：《文化产业和海洋文化产业》，《科学新闻》2005 年第 24 期。

［30］张开城：《主体性、自由与海洋文化的价值观照》，《广东海洋大学学报》2011 年第 10 期。

［31］张燕：《澳大利亚海洋公园的收入效应及其借鉴意义》，中国海洋大学硕士学位论文，2008 年。

［32］张振鹏：《我国文化产业转型升级的四个核心命题》，《学术论坛》，2016 年第 1 期。

［33］郑保卫、王亚莘：《中国海洋文化传播的战略定位与策略思考》，《当代传播》2015 年第 3 期。

［34］朱建君：《海洋文化的生态转向和话语表达》，《太平洋学报》2016 年第 10 期。

［35］诸葛仁：《澳大利亚自然保护区系统与管理》，《世界环境》2001 年第 2 期。

［36］Great Barrier Reef Marine Park Authority. Measuring the economic and financial value of the Great Barrier Reef Marine Park ［R］. Australia, 2005 – 07 – 30.

［37］ Marine Park Authority. Socio – Economic Assessment of the Port Stephens – Great Lakes Marine ［R］. Research Publication NO. 84.

三　报告：

［1］大洋洲研究中心：《澳大利亚海洋管理体制研究报告》（2015 年）。

［2］FAO：《2014 世界渔业和水产养殖回顾》，联合国粮农组织调查报告，2014 年版。

四　其他：

澳大利亚各州政府官方网站。

人民网、央广网等官方网络资源。

人民日报、中国海洋报、光明日报、大众日报等报纸资源。

［1］耿识博：《澳大利亚文化保护管理体制及对我国的启示》，人民网，2011 年 1 月 4 日。

［2］李淑梅：《人与自然和谐共生的价值意蕴》，光明日报，2018 年 6 月 4 日。

［3］《全国海洋经济发展"十三五"规划（公开版)》，发展改革委网站，2017 年 5 月 12 日。

［4］商乃宁：《习近平海洋强国思想的科学体系与深刻内涵》，中国海洋报，2017 年 10 月 12 日。

［5］苏文箐：《建设中国海洋文化基因库，复兴中国传统海洋文化》，中国海洋报，2016 年 6 月 21 日。

［6］王宏：《增强全民海洋意识 提升海洋强国软实力》，人民日报，2017 年 6 月 8 日。

［7］《习近平出席"一带一路"国际合作高峰论坛开幕式的讲话——携手推进"一带一路"建设》，人民网，2017 年 05 月 14 日。

［8］《习近平的海洋情怀》，央广网，2018 年 6 月 5 日。

［9］《习近平在哲学社会科学工作座谈会上的讲话》新华网，2016

年 7 月 30 日。

［10］于保华：《澳大利亚：潜在的海洋超级大国》，中国海洋报，
2013 年 10 月 21 日。